# L'ANGLAIS 3 en 1

## Activez votre offre numérique

**Rendez-vous sur**
**http://activation.lerobert.com/prime-anglais-3-en-1/**
**et téléchargez gratuitement* vos 80 exercices ainsi que leurs corrigés. Parfaits pour progresser, ils vous permettront d'améliorer votre niveau à votre rythme.**

** L'accès à ce contenu est uniquement possible via la page Internet http://activation.lerobert.com/prime-anglais-3-en-1/. Cet accès peut s'avérer payant, il dépend de votre connexion Internet, variable selon votre fournisseur d'accès, de votre opérateur et de votre type d'abonnement. Les Dictionnaires Le Robert ne peuvent être tenus responsables de la qualité ni du coût de la connexion au serveur ou à la page Internet. Ils ne garantissent pas l'absence de virus, de bogues ou de défauts dans les contenus proposés en consultation depuis la page http://activation.lerobert.com/prime-anglais-3-en-1/. Ils ne peuvent être tenus responsables d'éventuelles difficultés d'accès à ces contenus. Le contenu proposé est destiné à votre usage personnel. Il est propriété des Dictionnaires Le Robert.*


92, avenue de France, 75013 Paris
www.lerobert.com

ISBN 978-2-32101-524-6

Cet ouvrage est une œuvre collective au sens de l'article L. 113-2 du Code de la propriété intellectuelle. Publié par la société Dictionnaires Le Robert, représentée par Charles Bimbenet, directeur général.

# L'ANGLAIS 3 en 1

le Robert

responsable éditoriale
**Dominique Le Fur**

conception graphique
et mise en pages
**Maud Dubourg**
**Nadine Noyelle**

lecture-correction
**Anne-Marie Lentaigne**
**Méryem Puill-Châtillon**
**Muriel Richard**

Cet ouvrage est basé
sur *Robert & Collins Easy Grammar*

Conception, direction et rédaction
**Martyn Back**

Conseillère pédagogique
**Sylvie Dumez**

# préface

L'objectif de **L'anglais 3 en 1** est très simple : vous aider à éviter les erreurs et vous faire progresser à partir de bases solides en anglais.

Dans un format compact, il présente l'essentiel de la grammaire anglaise en se concentrant sur les difficultés rencontrées par les apprenants francophones : l'ordre des mots, l'emploi des modaux (*can, must, should,* etc.), la forme en *be + ing,* l'expression du temps, les faux amis, les noms non comptables…

❑ La première partie, **Les mots et les phrases,** répertorie par ordre alphabétique les mots et les expressions qui sont à l'origine de beaucoup de fautes. Il s'agit soit des mots « grammaticaux » (prépositions, adverbes, articles…), très courants mais dont le maniement requiert de la vigilance, soit de mots « trompeurs » en ce sens qu'ils ne se comportent pas tout à fait comme leurs équivalents français. De nombreux exemples vous montrent comment les utiliser en contexte, et des explications en français, claires et précises, alertent sur les erreurs susceptibles d'être commises en les employant.

❑ La deuxième partie, **La grammaire par l'exemple,** se présente sous la forme de fiches qui exposent les caractéristiques de la grammaire anglaise. Ces fiches synthétiques ont été rédigées sans jargon linguistique ni complications inutiles. Là encore, de nombreux exemples types vous permettent de mémoriser facilement règles et exceptions.

Enfin, un récapitulatif des **règles de l'orthographe anglaise** ainsi que la liste des fameux **verbes irréguliers** viennent compléter l'ouvrage.

**L'anglais 3 en 1** n'a pas la prétention d'offrir un panorama exhaustif de la grammaire anglaise. Il ne s'adresse ni aux spécialistes, ni aux personnes qui maîtrisent déjà la langue. Il se veut une aide pratique et efficace pour tous ceux qui ont besoin d'améliorer leur niveau d'anglais ou de réviser leurs connaissances. Très facile d'accès et de format « nomade », cet ouvrage augmentera aussi votre plaisir à communiquer en anglais.

**L'éditeur**

# les mots
# et les phrases

## a, an

❑ En français, on emploie **un** devant un nom masculin *(**un** abricot)* et **une** devant un nom féminin *(**une** poire)*. **Un** et **une** sont des articles indéfinis.

❑ En anglais, les notions de « nom masculin » et de « nom féminin » n'existent pas. L'article indéfini en anglais est généralement **a** pour un mot qui commence par une consonne ou un y *(**a** pear une poire ; **a** yellow banana une banane jaune)* et **an** pour un mot qui commence par une voyelle *(**an** apricot un abricot)*.

› *For this fruit salad you need **a** pear, **an** apple, **an** orange, **a** peach and **an** apricot.*

› *Pour cette salade de fruits il faut une poire, une pomme, une orange, une pêche et un abricot.*

Attention aux points suivants :

❑ Au début de certains mots anglais, la lettre u se prononce comme le mot you. Dans ce cas, on emploie **a**, comme si le mot commençait par un y. Voici quelques exemples :

› ***a** U* › *un U*

› ***a** UFO* › *un ovni*

› ***a** uniform* › *un uniforme*

› ***a** university* › *une université*

› ***a** used car* › *une voiture d'occasion*

❑ Les lettres eu en début de mot se prononcent comme le mot you. On emploie donc **a** devant ces mots.

› *This is **a** European car.*

› *C'est une voiture européenne.*

› *They cost **a** euro each.*
› *Ils coûtent un euro pièce.*

❑ En anglais, la lettre h est presque toujours aspirée (comme dans *ha ! ha ! ha !*), mais dans certains mots elle n'est pas prononcée du tout. Employez a avec les mots qui commencent par h, sauf honour, honest, hour et leurs dérivés (honourable, hourly, etc.).

› *It's **an** honour to meet you!*
› *C'est un honneur de vous rencontrer !*

› *Do you think she's **an** honest person?*
› *Tu penses que c'est une personne honnête ?*

› *We waited for **an** hour.*
› *Nous avons attendu une heure.*

❑ Le mot one se prononce comme s'il commençait par un w. On le fait précéder de a.

› *It was **a** one-day trip.*
› *C'était un voyage d'une journée.*

› *Have you got **a** one euro coin?*
› *As-tu une pièce d'un euro ?*

❑ **an** est employé avant le nom des consonnes F, H, L, M, N, S, X. Quand on dit leur nom, on dit 'ef', 'eitch', 'el', etc., comme s'ils commençaient par un e.

› *Is there **an** H in his name?*
› *Y a-t-il un H dans son nom ?*

› *Have you ever met **an** MP?*
› *As-tu déjà rencontré un député ?*

Souvenez-vous : le choix entre a et an est déterminé par la prononciation du mot qui suit.

› *They sent out **an** SOS.*
› *Ils ont envoyé un SOS.*

› *I need **an** X-ray.*
› *Je dois faire une radio.*

## a/an (professions)

❑ Le nom d'une profession est précédé de **a/an** quand il suit le verbe be ou become.

› *My Dad is **a** doctor.*
› *Mon père est médecin.*

› *She became **a** nurse during the war.*
› *Elle est devenue infirmière pendant la guerre.*

## a/an ou one ?

❑ Dans les deux phrases ci-dessous, on emploie le mot **un/une** en français, mais dans la deuxième phrase, le mot **une** est employé comme un chiffre, pour compter (Kate a **une** sœur, pas deux).

› *Karen came with **a** friend.*
› *Karen est venue avec un(e) ami(e).*

› *Karen has only got **one** sister.*
› *Karen n'a qu'une sœur.*

❑ En anglais, on emploie **one** pour compter (c'est le nom du chiffre 1 en anglais). Autrement, on emploie **a/an**.

# able to

❑ **be able to** signifie « être capable de » : plus

généralement, il exprime la possibilité qu'on a de faire quelque chose.

❑ **am/is/are able to** (au présent) sont employés pour exprimer ce qu'on est physiquement capable de faire.

› *Is Alison **able** to walk now?*
› *Alison est-elle capable de* ou *peut-elle marcher maintenant ?*

❑ En général, l'emploi du modal **can** est plus courant pour exprimer la possibilité.

➾ **voir : can**

› *Adrian **can** stay with us.*
› *Adrian peut rester avec nous.*

❑ **was/were able to** (au prétérit) sont employés pour parler de ce qu'on a pu faire.

› *He wasn't **able to** come to the party.*
› *Il n'a pas pu venir à la fête.*

❑ le modal **could** exprime la même chose.

➾ **voir : could**

› *He **couldn't** come to the party.*
› *Il n'a pas pu venir à la fête.*

❑ **will be able to** (futur) est employé pour parler de ce qu'on pourra faire. La forme négative est **won't be able to.**

› *I **will be able to** see you tomorrow.*
› *Je pourrai te voir demain.*

> ***I won't be able to*** *come.*
> *Je ne pourrai pas venir.*

Les modaux **can** et **could** ne sont pas employés pour exprimer le futur ; ils sont remplacés par **will/won't be able to.** On ne dit pas *will can !

## ago

❑ On emploie **ago** pour indiquer combien de temps il y a que quelque chose s'est passé, combien de temps il y a qu'on a fait quelque chose. C'est un mot qu'on emploie pour parler du passé ; par conséquent, il est toujours associé à un verbe au prétérit.

> *I saw that film two weeks* ***ago.***
> *J'ai vu ce film il y a deux semaines.*

> *They left a long time* ***ago.***
> *Ils sont partis il y a longtemps.*

> *Was it long* ***ago?***
> *C'était il y a longtemps ?*

❑ **ago** est toujours précédé par des mots qui expriment une durée *(three weeks ago, ten minutes ago, a long time ago…).*

> *He died several years* ***ago.***
> *Il est mort il y a plusieurs années.*

Ne confondez pas **ago** avec **for** !

> *I've been here* ***for*** *ten minutes.*
> *Il y a dix minutes que je suis là.*
> *Je suis là depuis dix minutes.*

→ **voir : for**

## all

❑ **all** correspond à *tout, tous, toute, toutes.*

› *The dog ate **all** the biscuits.*
› *Le chien a mangé tous les gâteaux.*

☞ On dit **all day, all evening, all week, all weekend, all year.** On n'emploie pas the dans ces cas.

› *They stayed outside **all** night.*
› *Ils sont restés dehors toute la nuit.*

› *You're **all** red, Karen!*
› *Tu es toute rouge, Karen !*

❑ Notez l'emploi de **all of** + pronom **(all of it/us/you/them).**

› *I gave him a bottle of wine and he drank **all** of it!*
› *Je lui ai donné une bouteille de vin et il a tout bu !*

› *We invited ten people, and **all** of them came.*
› *Nous avons invité dix personnes, et elles sont toutes venues.*

› *Get out, **all** of you!*
› *Sortez, tous !*

☞ Ne confondez pas **all** et **every** !

› *They stayed outside **every** night.*
› *Ils sont restés dehors toutes les nuits.*

› *We're open **all** day, **every** day.*
› *Nous sommes ouverts toute la journée, tous les jours.*

☞ Ne confondez pas **all** et **everything** ! Quand *tout* n'est pas suivi d'un nom, il se traduit par **everything,** pas par *all.

› *He sold **everything.***
› *Il a tout vendu.*

› *I didn't understand **everything.***
› *Je n'ai pas tout compris.*

➾ **voir :** **both, each, every, none, some, whole**

## all over

❑ **all over** something/somebody a le sens de « partout sur » ou « partout dans ».

› *There's ketchup **all over** the carpet.*
› *Il y a du ketchup partout sur la moquette.*

› *He travels **all over** the world.*
› *Il voyage partout dans le monde.*

❑ **be (all) over** signifie « être terminé ».

› *The exams are **all over.***
› *Les examens sont terminés.*

› *Don't worry, it's **all over!***
› *Ne t'inquiète pas, c'est terminé !*

➾ **voir :** **over**

## allowed

❑ **allowed** permet de parler de ce qui est admis, de ce qui est autorisé, de ce qu'on a le droit de faire.

› *Are dogs **allowed** in here?*
› *Est-ce que les chiens sont admis ici ?*

❑ Au négatif, **not... allowed** permet de parler de ce qui n'est pas autorisé, de ce qui est interdit.

› *Smoking isn't **allowed.***
› *Il est interdit de fumer.*

Notez que **not allowed** est plus courant que forbidden.

› *It's not **allowed.***
› *C'est interdit.*

❑ **be allowed to** = *avoir le droit de.*

› *Children aren't **allowed to** drink.*
› *Les enfants n'ont pas le droit de boire.*

On ne dit pas *it is not allowed to... Pour traduire *il est interdit de...*, employez l'expression **you're not allowed to...**

› *You're **not allowed to** talk in the library.*
› *Il est interdit de parler dans la bibliothèque.*

## a lot

❑ **a lot (of)** correspond à *beaucoup (de)* et s'emploie de la même manière.

› *Dad works **a lot.***
› *Papa travaille beaucoup.*

› *Danny's got **a lot** of toys.*
› *Danny a beaucoup de jouets.*

› *They drank **a lot** of champagne.*
› *Ils ont bu beaucoup de champagne.*

→ **voir : much, many**

## already

❑ **already** correspond à certains emplois du mot français *déjà*.

› *My parents are **already** here.*
› *Mes parents sont déjà là.*

❑ **already** s'emploie très souvent avec le present perfect (→ **voir : fiches 33-37**) pour parler de ce qui s'est déjà passé, de ce qu'on a déjà fait.

› *I've **already** seen that film.*
› *J'ai déjà vu ce film.*

Ne confondez pas **already** et **ever,** qui correspond à des emplois différents de *déjà*.

› *Have you **ever** been to China?*
› *Es-tu déjà allé en Chine ?*

Quand *déjà* est employé dans le sens familier de « au fait », il ne se traduit pas par **already** mais par **again.**

› *How old are you **again?***
› *Quel âge as-tu déjà ?*

→ **voir : ever, still, yet**

## also

❑ **also** correspond à *également, aussi.*

Attention à la place de **also** dans la phrase.

❑ **also** précède toujours directement le verbe, sauf **be** conjugué.

› *I **also** need a pair of boots.*
› *J'ai également besoin d'une paire de bottes/J'ai aussi besoin d'une paire de bottes.*

❑ **also** se met entre le modal et le verbe.

› *You could **also** ask your teacher.*
› *Tu pourrais aussi demander à ton prof.*
› *Our teachers will **also** be there.*
› *Nos profs seront là aussi.*

❑ Au present perfect, **also** se met entre have et le verbe.

› *I have **also** bought a sweater.*
› *J'ai aussi acheté un pull.*

❑ **also** se met entre have et got.

› *I've got a cat, and I've **also** got a dog.*
› *J'ai un chat, et j'ai aussi un chien.*

❑ **also** se met après be conjugué (am, is, are, was, were).

› *I work in a bar, but I'm **also** a student.*
› *Je travaille dans un bar, mais je suis aussi étudiant.*
› *The museum was beautiful, and it was **also** very interesting.*
› *Le musée était magnifique, et il était également très intéressant.*

Si vous avez du mal à vous souvenir de la position de **also** dans la phrase, employez **too** ou **as well**. À la différence de **also**, ils se placent généralement à la fin de la phrase, et sont par conséquent plus faciles à employer correctement.

› *I **also** need a pair of boots.*
› *I need a pair of boots **too**.*
› *I need a pair of boots **as well**.*
› *J'ai également besoin d'une paire de bottes.*

Avec *moi/lui/elle/* etc., *aussi,* on emploie too ou une expression avec so (jamais *also).

**voir : so + do/be/have ou modal**

› *I'm tired. – Me too!* ou *So am I!*
› *Je suis fatigué. – Moi aussi !*

Attention à ne pas confondre *aussi* au sens de « également » avec *aussi... que* employé pour exprimer des comparaisons, et *aussi* au sens de « tellement ». Regardez bien les exemples ci-dessous.

**voir : as...as..., as well, too**

› *He's not **as** tall **as** me.*
› *Il n'est pas aussi grand que moi.*

› *I'd forgotten this restaurant was **so** bad.*
› *J'avais oublié que ce restaurant était aussi mauvais.*

## although

❑ **although** correspond à *bien que, quoique, malgré le fait que...*

› *We could go out, **although** it is a bit late.*
› *On pourrait sortir, bien qu'il soit un peu tard.*

› *We went out **although** it was raining.*
› *Nous sommes sortis, malgré la pluie.*

Ne confondez pas **although** avec **also** !

## always

❑ **always** correspond à *toujours* au sens d
fois », « régulièrement ».

› *We **always** do our shopping on Saturday.*
› *Nous faisons toujours nos courses le samedi.*

Attention à la place de **always** dans la phrase : toujours avant le verbe, sauf be conjugué.

› *They are **always** late!*
› *Ils sont toujours en retard !*

➾ **voir : fiche 82**

Ne confondez pas **always** avec **still,** qui correspond à *toujours* au sens de « encore ».

› *Do they **still** live in London?*
› *Est-ce qu'ils habitent toujours à Londres ?*

➾ **voir : still**

## any

❑ **any,** comme **some,** est souvent employé pour parler d'une quantité indéfinie de quelque chose (comme *du, de la, des* en français).

› *Have you got **any** money in your pocket?*
› *Have you got **some** money in your pocket?*
› *Est-ce que tu as de l'argent dans ta poche ?*

Dans ce sens, **any** s'emploie uniquement dans des questions et à la forme négative (avec not).

❑ Dans les questions, **any** et **some** peuvent souvent être employés indifféremment.

› *Do you need **any** help?*

› *Do you need **some** help?*
› *Tu as besoin d'aide ?*

❑ Dans les questions, **any/some** s'emploient avec les noms indénombrables et les pluriels.

› *Is there **any** cheese left?*
› *Is there **some** cheese left?*
› *Il reste du fromage ?*

› *Are there **any** yoghurts in the fridge?*
› *Are there **some** yoghurts in the fridge?*
› *Y a-t-il des yaourts dans le frigo ?*

Dans des demandes d'argent, de conseil, etc., on emploie généralement **some** et non **any**.

› *Can you lend me **some** money?*
› *Tu peux me prêter de l'argent ?*

› *Could you give me **some** advice?*
› *Tu pourrais me donner un conseil ?*

Quand on propose de donner quelque chose à quelqu'un, on emploie généralement **some** et non **any**.

› *Would you like **some** bread?*
› *Vous voulez du pain ?*

› *Can I give you **some** wine?*
› *Je peux te donner du vin ?*

❑ **Not any** + nom correspond à *pas de* + nom.

› *There isn't **any** cheese in the fridge.*
› *Il n'y a pas de fromage dans le frigo.*

› *I haven't got **any** green socks.*
› *Je n'ai pas de chaussettes vertes.*

› *They didn't buy **any** furniture.*
› *Ils n'ont pas acheté de meubles.*

**some** serait incorrect dans les exemples ci-dessus. On ne dit pas *not some…

voir : some

❏ Dans les phrases affirmatives, **any** a le plus souvent le sens de « n'importe quel(le) ».

› *He likes **any** sport.*
› *Il aime n'importe quel sport.*

› ***Any** fool knows that!*
› *N'importe quel imbécile sait ça !*

## anybody/anyone

❏ **anybody** et **anyone** sont interchangeables : ils ont le même sens et les mêmes emplois.

› *Did **anybody/anyone** phone me?*
› *Est-ce que quelqu'un m'a téléphoné ?*

❏ **anybody/anyone** et **somebody/someone** dans les questions correspondent au mot français *quelqu'un*.

› *Has **anyone** seen my pen?*
› *Has **someone** seen my pen?*
› *Est-ce que quelqu'un a vu mon stylo ?*

❏ Dans les questions, **anybody** et **somebody** peuvent souvent être employés indifféremment.

› *Can **anybody** tell me where the post office is?*
› *Can **somebody** tell me where the post office is?*
› *Est-ce que quelqu'un peut me dire où se trouve la poste ?*

❑ **Not anybody / not anyone** correspondent à *ne... personne.*

› *There isn't **anybody** here.*
› *Il n'y a personne ici.*

› *We couldn't find **anyone** to help us.*
› *On n'a pu trouver personne pour nous aider.*

**Somebody / someone** seraient incorrects dans les deux exemples ci-dessus.

En début de phrase, ou employé seul, *personne* se traduit par **nobody** ou **no one.**

› ***Nobody** came.*
› *Personne n'est venu.*

› *Who came? – **Nobody**.*
› *Qui est venu ? – Personne.*

→ **voir** : **nobody, somebody**

❑ Dans les phrases affirmatives, **anybody / anyone** signifient le plus souvent « n'importe qui ».

› ***Anybody** knows that!*
› *N'importe qui sait ça !*

› *Ask **anyone**!*
› *Demande à n'importe qui !*

## anything

❑ Dans les questions, **anything** et **something** ont souvent des sens très proches. Ils correspondent tous les deux au mot français *quelque chose.*

› *Did **anything** happen when you pushed the button?*
› *Did **something** happen when you pushed the button?*

› *Est-ce qu'il s'est passé quelque chose quand tu as appuyé sur le bouton ?*

› *Have you heard **anything** about the accident?*
› *Have you heard **something** about the accident?*
› *Est-ce que tu as entendu quelque chose au sujet de l'accident ?*

› *Can I do **anything** to help you?*
› *Can I do **something** to help you?*
› *Je peux faire quelque chose pour t'aider ?*

› *Would you like **anything** to eat?*
› *Would you like **something** to eat?*
› *Tu veux quelque chose à manger ?*

**voir** : **something**

❑ Dans les phrases négatives, **not... anything** correspond à *ne... rien*. On ne peut pas y substituer **something** ici.

› *There isn't **anything** in the box.*
› *Il n'y a rien dans la boîte.*

› *We couldn't find **anything** to drink.*
› *On n'a rien pu trouver à boire.*

En début de phrase, ou employé seul, *rien* se traduit par **nothing**.

› ***Nothing** happened.*
› *Il ne s'est rien passé.*

› *What happened? – **Nothing.***
› *Qu'est-ce qui s'est passé ? – Rien.*

**voir** : **nothing**

❑ Dans des phrases affirmatives, **anything** a souvent le sens de « n'importe quoi ».

› *Say something, say* ***anything!***
› *Dis quelque chose, dis n'importe quoi !*

› *That dog eats* ***anything.***
› *Ce chien mange n'importe quoi.*

## anywhere

❑ Dans les questions, **anywhere** signifie *quelque part.*

› *Are you going* ***anywhere*** *this weekend?*
› *Tu vas quelque part ce week-end ?*

❑ **not... anywhere** signifie *nulle part.*

› *I can't find them* ***anywhere.***
› *Je ne les trouve nulle part.*

❑ Dans les phrases affirmatives, **anywhere** a souvent le sens de « n'importe où ».

› *Put your bags* ***anywhere.***
› *Mettez vos sacs n'importe où.*

➡ **voir : somewhere**

## as

❑ **as** correspond souvent à *comme,* mais *comme* n'est pas toujours traduit par **as.**

› ***As*** *in the previous recipe, beat the eggs first.*
› *Comme dans la recette précédente, battre d'abord les œufs.*

› *He used the knife* ***as*** *a screwdriver.*
› *Il a utilisé le couteau comme tournevis.*

› *Jerry worked **as** a delivery man.*
› *Jerry a travaillé comme livreur.*

Dans des comparaisons, quand *comme* est suivi d'un nom ou d'un pronom personnel complément, il correspond à like. Le mot as serait incorrect dans les exemples ci-dessous.

› *She sings **like** a professional.*
› *Elle chante comme une pro.*

› *Harry is a good cook, **like** his mother.*
› *Harry fait bien la cuisine, comme sa mère.*

› *I've never met **anyone** like him.*
› *Je n'ai jamais rencontré quelqu'un comme lui.*

→ **voir** : like

## as... as

❑ L'expression as... as est employée pour faire des comparaisons. Elle correspond généralement à *aussi... que*.

› *Timmy is not **as** clever **as** his sister.*
› *Timmy n'est pas aussi intelligent que sa sœur.*

› *Julie is almost **as** tall **as** you.*
› *Julie est presque aussi grande que toi.*

Ne confondez pas as et than. Regardez bien les exemples ci-dessous.

› *Jenny is younger **than** Laura.*
› *Jenny est plus jeune que Laura.*

› *Jenny is not **as** old **as** Laura.*
› *Jenny n'est pas aussi vieille que Laura.*

› *The book is more interesting* ***than*** *the film.*
› *Le livre est plus intéressant que le film.*

› *The film is not* ***as*** *interesting* ***as*** *the book.*
› *Le film n'est pas aussi intéressant que le livre.*

➾ **voir** : than

❑ **as many as/as much as** correspondent généralement à *autant … que* ; **as many** s'emploie avec un pluriel ; **as much** s'emploie avec un nom indénombrable.

› *There aren't* ***as many*** *mountains in England* ***as*** *in France.*
› *Il n'y a pas autant de montagnes en Angleterre qu'en France.*

› *I don't earn* ***as much*** *money* ***as*** *you.*
› *Je ne gagne pas autant d'argent que toi.*

› *I liked this book almost* ***as much as*** *the other one.*
› *J'ai aimé ce livre presque autant que l'autre.*

➾ **voir** : same (the same as…)

## as if, as though

❑ **as if / as though** = *comme si*

› *It was almost* ***as if*** *he understood.*
› *It was almost* ***as though*** *he understood.*
› *C'était presque comme s'il comprenait.*

❑ **feel as if… / feel as though…** sont employés pour parler de l'impression qu'on a de faire quelque chose.

› *He felt* ***as if*** *he was flying.*
› *He felt* ***as though*** *he was flying.*
› *Il avait l'impression qu'il volait/de voler.*

❑ **look as if... / look as though...** sont employés pour parler d'impressions visuelles ; la traduction la plus fréquente est *on dirait que...*

› *You look* ***as if*** *you've seen a ghost!*
› *You look* ***as though*** *you've seen a ghost!*
› *On dirait que tu as vu un fantôme !*

› *It looks* ***as if*** *it's raining.*
› *On dirait qu'il pleut.*

## at, in, on ou to ?

À ne se traduit pas toujours par **at** pour parler d'un lieu ! Il ne se traduit jamais par **at** quand il y a un changement de lieu *(aller à...)*

› *I work* ***at*** *the science museum.*
› *Je travaille au musée des sciences.*

› *Please pay* ***at*** *the bar.*
› *Veuillez payer au comptoir.*

❑ Pour apprendre les emplois de **at, in, on** et **to,** n'essayez pas de trouver des « règles ». Notez simplement avec quels mots s'emploient ces différentes prépositions. Voici quelques indications :

› *The shed is* ***at*** *the bottom of the garden.*
› *La cabane est au fond du jardin.*

• On dit **at work, at home** (sans l'article *the*).

› *My Dad's* ***at*** *work.*
› *Mon père est au travail.*

• On dit **at church** quand on y est pour la messe, **at school** quand on est élève, et **at university** quand on est étudiant. En ajoutant the, on indique qu'on se trouve *à l'église*, *à l'école* ou *à l'université* mais pas nécessairement pour y prier ou pour y étudier.

› *They're **at** church.*
› *Ils sont à l'église.* (pour la messe)

› *They're **at** the church.*
› *Ils sont à l'église.* (mais pas nécessairement pour la messe)

- Avec le nom d'une ville ou d'un pays, on dit **in.**

› *Geoffrey lives **in** New York now.*
› *Geoffrey habite maintenant à New York.*

› *I feel like I'm **in** heaven!*
› *J'ai l'impression d'être au paradis !*

On ne dit pas "welcome in..." mais **welcome to...** !

› *Welcome **to** Paris!*
› *Bienvenue à Paris !*

- On dit **in bed** et **in hospital.**

› *Mum is **in** bed, she's ill.*
› *Maman est au lit, elle est malade.*

- **on** s'emploie quand on parle des étages d'un immeuble.

› *What floor do they live **on?***
› *Ils habitent à quel étage ?*

- **to** s'emploie quand on parle d'un déplacement vers un autre lieu.

› *It's late, I'm going **to** bed.*
› *Il est tard, je vais me coucher.*

Attention à l'emploi du present perfect **have been + to** : been joue ici le rôle du participe de go.

› *Have you ever been **to** Paris?*
› *Tu es déjà allé à Paris ?*

On ne dit pas *to home, mais simplement **home** (go home, walk home, return home...)

› *I'm going home.*
› *Je rentre à la maison.*

## at

❑ On utilise **at** pour traduire *à* quand on parle de l'heure. On dit **at six o'clock, at midday, at half past nine,** etc.

› *We close **at** five-thirty.*
› *On ferme à 17h30.*

On ne dit pas *at what time...? mais **what time...?**

› *What time do you close?*
› *À quelle heure fermez-vous ?*

## at (at night, at Easter, at the weekend)

❑ On dit **at night** et **at the weekend.**

› *I always lock the door **at** night.*
› *Je ferme toujours la porte à clé la nuit.*

› *I go swimming **at** the weekend.*
› *Je fais de la natation le week-end.*

Mais on dit **in the evening, in the morning, in the afternoon.**

› *It gets cold **in** the evening.*
› *Il fait froid le soir.*

- On dit **at Easter** et **at Christmas.**

› *What are you doing **at** Easter this year?*
› *Que faites-vous à Pâques cette année ?*

Mais on dit **on my/your/his,** etc., **birthday.**

› *I'll see you **on** my birthday.*
› *Je te verrai le jour de mon anniversaire.*

On dit **in** quand on parle des siècles.

› *He was born **in** the 18th century.*
› *Il est né au* XVIII*e* *siècle.*

## before

**1** **Before** peut signifier « avant », mais *avant* ne se traduit pas toujours par **before.**

› *He left **before** us.*
› *Il est parti avant nous.*

› *We must get to the shops **before** they close.*
› *Il faut qu'on arrive aux magasins avant qu'ils ne ferment.*

**2** Employé avec le present perfect, **before** peut correspondre à *déjà* ou, dans des phrases négatives, à *jamais*. Dans ce cas, il se met toujours à la fin de la phrase.

› *Have you been to London **before?***
› *Es-tu déjà allé à Londres ?*

› *We've never met **before.***
› *Nous ne nous sommes jamais rencontrés.*

**3** Quand *avant* est adverbe (quand il veut dire « avant ça »), il se traduit par first, pas *before.

› *We're going to leave, but **first** I've got something to say to you.*
› *On va partir, mais avant j'ai quelque chose à vous dire.*

Notez l'emploi de used to pour traduire une phrase qui commence par *avant* (au sens de « autrefois/jadis »).

› *This kind of thing **used to** happen often.*
› *Avant, ce genre de chose arrivait souvent.*

## before + -ing

❑ **before + -ing** correspond à *avant de* + infinitif

› *Turn the lights out* ***before*** *leaving.*
› *Éteignez les lumières avant de partir.*

Notez la structure **before** + sujet + verbe, autre traduction possible de « avant de... ».

› *I always read* ***before*** *I go to sleep.*
› *Je lis toujours avant de dormir.*

Ne dites jamais *before to... !

## both

❑ **both** n'a pas d'équivalent exact en français. Il s'emploie quand on parle de deux choses ou de deux personnes, et a souvent le sens de *(tous/toutes) les deux.*

**1** **both** + nom au pluriel

› ***Both*** *our dogs are ill.*
› *Nos chiens sont tous les deux malades.*

› ***Both*** *solutions seem interesting.*
› *Les deux solutions semblent intéressantes.*

voir : all

**2** Sujet + **both** + verbe

› *We* ***both*** *think it's too expensive.*
› *Nous pensons tous les deux que c'est trop cher.*

› *My sisters* ***both*** *came to the ceremony.*
› *Mes sœurs sont venues toutes les deux à la cérémonie.*

› *My sisters have **both** left.*
› *Mes sœurs sont parties toutes les deux.*

› *We can **both** go if you like.*
› *On peut y aller tous les deux si tu veux.*

→ **voir** : all

**3** **both... and...** correspond à *et... et...*, ou *à la fois... et...*

› *These cars are **both** cheap **and** reliable.*
› *Ces voitures sont à la fois bon marché et fiables.*
› *Ces voitures sont et bon marché et fiables.*

› ***Both** my mother **and** my father will be there.*
› *Et mon père et ma mère seront là.*
› *Mon père et ma mère seront là tous les deux.*

**4** **both of us/you/them** correspond au français *tous les deux* (ou *toutes les deux*).

› *Come here, **both of you!***
› *Venez ici tous les deux !*

› ***Both of them** died on the same day.*
› *Ils sont morts tous les deux le même jour.*

› ***Both of us** phoned Mark yesterday.*
› *On a tous les deux téléphoné à Mark hier.*

→ **voir** : all

**5** **both** peut correspondre à *les deux* employé comme sujet ou comme complément.

› *You can't buy **both!***
› *Tu ne peux pas acheter les deux !*

› ***Both** can swim.*
› *Ils savent nager tous les deux.*

## but

❑ **but** a deux emplois importants en anglais.

**1** **but** peut signifier *mais.*

› *I'm cold,* ***but*** *I'm not hungry.*
› *J'ai froid, mais je n'ai pas faim.*

**2** **but** peut signifier *sauf.*

› *Everybody* ***but*** *Simon thought it was a good idea.*
› *Tout le monde sauf Simon pensait que c'était une bonne idée.*

› *Oh no! Anything* ***but*** *that!*
› *Ah non ! Tout sauf ça !*

## by

❑ **by** a plusieurs emplois importants en anglais.

**1** **by** est employé pour indiquer le moyen ou la manière de faire quelque chose et correspond à *par.*

› *Can I pay* ***by*** *cheque?*
› *Est-ce que je peux payer par chèque ?*

› *He came in* ***by*** *the window.*
› *Il est entré par la fenêtre.*

› *I'll send it* ***by*** *post.*
› *Je l'enverrai par la poste.*

**2** **by + -ing** indique aussi la manière de faire quelque chose, et correspond à *en* + participe présent.

› *He learnt English* ***by*** *listening to the radio.*
› *Il a appris l'anglais en écoutant la radio.*

**3** **by** indique le moyen de transport que l'on utilise.

› *I like going **by** bus.*
› *J'aime bien y aller en bus.*

› *It's quicker **by** car.*
› *C'est plus rapide en voiture.*

› *I never travel **by** plane.*
› *Je ne voyage jamais en avion.*

**4** **by** est employé dans les constructions passives pour indiquer l'agent, c'est-à-dire la personne ou la chose qui fait quelque chose.

› *The window was broken **by** a child.*
› *Le carreau a été cassé par un enfant.*

› *He was killed **by** lightning.*
› *Il a été tué par la foudre.*

**5** **by** est employé pour parler de l'auteur d'une œuvre ou d'un artiste.

› *Who is the book **by**?*
› *Qui est l'auteur du livre ?*

› *This is a painting **by** Picasso.*
› *C'est un tableau de Picasso.*

**6** **by** peut signifier « à côté de ».

› *Come and sit **by** me.*
› *Viens t'asseoir à côté de moi.*

› *The house is **by** the church.*
› *La maison est à côté de l'église.*

› *We live **by** the sea.*
› *Nous habitons au bord de la mer.*

**7** **by** est employé pour dire qu'on passe devant quelque chose ou quelqu'un.

› *We drove **by** the town hall.*
› *On est passé devant la mairie en voiture.*

› *He walked **by** me.*
› *Il est passé devant moi.*

**8** **by** peut signifier « au plus tard », en parlant d'une date ou d'une heure.

› *I'll be back **by** midnight.*
› *Je serai de retour à minuit au plus tard.*

› *The work must be finished **by** the end of August.*
› *Le travail doit être fini fin août au plus tard.*

**9** **by** est employé pour décrire les dimensions de quelque chose.

› *The room is 3 metres **by** 4.*
› *La pièce fait trois mètres sur/par quatre.*

**10** **by** + pronom réfléchi est employé pour dire que quelqu'un est tout seul ou fait quelque chose tout seul.

› *I did it all **by** myself.*
› *Je l'ai fait tout seul.*

› *He was **by** himself.*
› *Il était tout seul.*

**voir** : own

## can

❑ **can** est un modal. Un modal, c'est un mot qu'on ne peut pas traduire directement, mais qui permet d'exprimer certaines choses en anglais. **can** permet de parler de ce qu'on est capable de faire, de ce qu'on sait faire, ou de ce qu'il est permis de faire.

› *We **can** park here.*
› *Nous pouvons nous garer ici.*

› *Terry **can** play the violin.*
› *Terry sait jouer du violon.*

› *I **can** speak three languages.*
› *Je parle trois langues.*

❑ Le négatif de **can** est **cannot,** le plus souvent contracté en **can't. can't** est employé pour parler de ce qu'on n'est pas capable de faire ou de ce qui est interdit.

› *I **can't** lift this, it's too heavy.*
› *Je ne peux pas soulever ça, c'est trop lourd.*

› *You **can't** smoke in here!*
› *Tu ne peux pas fumer ici !*

❑ Pour former des questions avec **can,** on met **can** avant le sujet de la phrase (you can… devient can you…?).

› ***Can** the dog come in now?*
› *Le chien peut entrer maintenant ?*

› *When **can** you come?*
› *Quand pouvez-vous venir ?*

❑ **Can I...?** en début de phrase est employé pour demander la permission.

› ***Can I*** *have an ice cream?*
› *Je peux avoir une glace ?*

❑ **can** est employé avec les verbes de perception see, hear, feel et smell.

› *I* ***can*** *see two planes in the sky.*
› *Je vois deux avions dans le ciel.*

› ***Can*** *you feel the wind on your face?*
› *Tu sens le vent sur ton visage ?*

› *I* ***can't*** *hear you!*
› *Je ne vous entends pas !*

➾ **voir : able to, could, modaux (fiche 10)**

## could

could est un modal. Un modal, c'est un mot qu'on ne peut pas traduire directement, mais qui permet d'exprimer certaines choses en anglais. could a plusieurs fonctions.

❑ **could** permet de parler de ce qu'on pourrait faire, de ce qui pourrait arriver si...

› *We* ***could*** *write him a letter.*
› *Nous pourrions lui écrire une lettre.*

› *If I had a car, I* ***could*** *visit you more often.*
› *Si j'avais une voiture, je pourrais te rendre visite plus souvent.*

❑ **could** permet de dire que quelque chose est peut-être le cas. Ici, could est synonyme de might.

› *You **could** be right.*
› *Tu as peut-être raison.*

› *Do you think it **could** be true?*
› *Tu penses que ça peut être vrai ?*

❑ **could** permet de parler de ce qu'on était capable de faire, de ce qu'on pouvait faire, de ce qu'on savait faire, de ce qui était permis avant.

› *When I was a student I **could** speak Spanish.*
› *Quand j'étais étudiant je savais parler espagnol.*

› *Twenty years ago, people **could** smoke in the metro.*
› *Il y a vingt ans, les gens avaient le droit de fumer dans le métro.*

❑ **could** est employé avec les verbes de perception see, hear, feel et smell, pour dire ce qu'on voyait, ce qu'on entendait, etc.

› *I **could** see two planes in the sky.*
› *Je voyais deux avions dans le ciel.*

› *Marie **could** hear the phone.*
› *Marie entendait le téléphone.*

❑ Le négatif de **could** est **could not,** souvent contracté en **couldn't.**

› *I **couldn't** see anything.*
› *Je ne voyais rien.*

❑ Pour poser une question, on met **could** avant le sujet.

› ***Could** I have an ice cream?*
› *Je pourrais avoir une glace ?*

❑ **Could I...?** en début de phrase est employé pour demander la permission.

› ***Could I*** *see you for a minute?*

› *Je pourrais te voir un instant ?*

❑ **Could you...?** en début de phrase est employé pour demander un service à quelqu'un.

› ***Could you*** *tell me where the station is, please?*

› *Pourriez-vous m'indiquer la gare, s'il vous plaît ?*

› ***Could*** *you help me with this luggage?*

› *Tu pourrais m'aider avec ces bagages ?*

Attention à la prononciation de **could** ! Le **l** ne se prononce pas, et **could** rime avec good.

→ voir : **be able to, can**

→ voir : **fiche 10**

## 'd

❑ **'d** est la contraction de **would** et de **had.**

› *I'**d** (= I would) like to go to London.*
› *Je voudrais aller à Londres.*

› *I thought I'**d** (= I had) seen him before.*
› *Je pensais que je l'avais déjà vu.*

Apprenez à reconnaître et à distinguer ces deux emplois.

## did (auxiliaire) voir : fiches 4 et 11

## do (auxiliaire) voir : fiches 4, 6 et 11

## do et make

*Faire* se traduit par **do** ou **make** selon le contexte.

❑ **do** se traduit par *faire* quand on ne précise pas l'activité.

› ***Do** something to help us.*
› *Fais quelque chose pour nous aider.*

› *I **don't** know what to do.*
› *Je ne sais pas quoi faire.*

› *What are you **doing** on Saturday?*
› *Qu'est-ce que tu fais samedi ?*

❑ **do,** comme *faire,* peut signifier « s'occuper de, nettoyer, préparer... ».

› *I'll **do** the dining room and you do the living room.*
› *Je vais faire la salle à manger et toi tu fais le salon.*

› *I'm **doing** the potatoes.*
› *Je fais les pommes de terre.*

❑ Quand on parle de faire un travail, on dit **do work**, pas *make work.

› *I **did** a lot of work this morning.*
› *J'ai fait beaucoup de travail ce matin.*

**make work** = *donner du travail* et non **faire du travail* !

› *He **makes** a lot of work for his parents.*
› *Il donne beaucoup de travail à ses parents.*

❑ Quand on parle de faire un sport, on emploie **do**, pas *make.

› *Danny **does** judo on Wednesdays.*
› *Danny fait du judo le mercredi.*

On ne dit pas *make sport !

› *You should **do** some sport.*
› *Tu devrais faire du sport.*

❑ En règle générale, **do** s'emploie pour quelque chose qui est déjà préparé, qui existe déjà : on l'exécute, on s'en occupe. **Make** s'emploie pour quelque chose qui n'existait pas avant : on le crée, on le fabrique.

› *It's a company that **makes** washing machines.*
› *C'est une entreprise qui fait/fabrique des machines à laver.*

› *Now **do** exercise 3!*
› *Maintenant, fais l'exercice n° 3 !*

## **don't** en début de phrase

❑ **don't** (= do not) est employé en début de phrase pour dire à quelqu'un de ne pas faire quelque chose. C'est la forme négative de l'impératif.

› ***Don't*** *talk to me like that !*
› *Ne me parle pas comme ça !*

› ***Don't*** *be stupid!*
› *Ne sois pas idiot !*

❑ En le faisant précéder du mot please, on rend la phrase moins autoritaire.

› *Please* ***don't*** *go.*
› *Ne pars pas, s'il te plaît.*

› *Please* ***don't*** *smoke in here.*
› *Veuillez ne pas fumer ici.*

➜ **voir : fiche 55**

## **during**

❑ **during** correspond à *pendant,* mais seulement lorsque *pendant* précise quand quelque chose a eu lieu *(pendant la nuit, pendant les fêtes...).*

› *We met* ***during*** *the Easter holidays.*
› *Nous nous sommes rencontrés pendant les vacances de Pâques.*

❑ Quand *pendant* précise une durée *(pendant cinq heures, pendant longtemps, pendant un an),* il se traduit par for, pas par *during.

› *We lived together* ***for*** *five years.*
› *Nous avons habité ensemble pendant cinq ans.*

*pendant que...* se traduit par **while,** pas par *during.

› *The house was burgled **while** we were on holiday.*

› *La maison a été cambriolée pendant que nous étions en vacances.*

Ne confondez pas for avec during et while ! Ne traduisez pas systématiquement *pendant* par during !

**voir : for, while**

## each

❑ **each** = *chaque*

› *Look carefully at **each** picture.*
› *Regardez bien chaque image.*

Notez comment **each** se place entre le sujet et le verbe.

› *The children **each** received a present.*
› *Chaque enfant a reçu un cadeau.*

❑ **each of...** = *chacun(e) de...*

› ***Each of** the houses had a large garden.*
› ***Each** house had a large garden.*
› *The houses **each** had a large garden.*
› *Chacune des maisons avait un grand jardin.*

Notez les trois façons différentes d'employer **each** pour dire la même chose.

➜ **voir** : **every**

## each other

❑ **each other** exprime la réciprocité, c'est-à-dire ce que font les gens les uns aux autres. En français, cette réciprocité est souvent exprimée par l'emploi d'un verbe pronominal *(se regarder, s'aimer, s'écrire)*. On ajoute parfois des expressions comme « l'un à l'autre » ou « les uns les autres », mais ce n'est pas toujours nécessaire.

› *The children looked at **each other**.*
› *Les enfants se sont regardés (les uns les autres).*

› *They love **each other**.*
› *Ils s'aiment.*

› *Alison and Graham write to **each other** every week.*
› *Alison et Graham s'écrivent toutes les semaines.*

## -ed ou -ing

Ne confondez pas ces couples d'adjectifs :

• Ceux en -ed parlent de la personne qui ressent quelque chose (l'ennui, l'excitation, la fatigue, la peur).

• Ceux en -ing parlent de la situation ou de la personne qui produit ces effets.

› *I'm bor**ed**! This teacher is bor**ing**!*
› *Je m'ennuie ! Ce prof est ennuyeux !*

› *I'm excit**ed**! This holiday is excit**ing**!*
› *Je suis excité ! Ces vacances sont passionnantes !*

› *I'm exhaust**ed**! That walk was exhaust**ing**!*
› *Je suis épuisé ! Cette promenade était épuisante.*

› *It was a frighten**ing** experience. I was very frighten**ed**.*
› *C'était une expérience effrayante. J'ai eu très peur.*

## either

❑ either exprime l'idée de la dualité, c'est-à-dire le fait qu'il y ait deux choses, deux personnes, deux idées, etc. Quand il est suivi d'un nom, le mot either indique qu'il n'y a pas de préférence entre deux choses ou deux personnes. C'est l'idée de « n'importe lequel/laquelle ».

› *You can take **either** train.*
› *Vous pouvez prendre n'importe quel train.*
*(= n'importe lequel des deux)*

Le nom qui suit directement **either** n'est jamais au pluriel.

› *Open **either** window.*
› *Ouvrez n'importe quelle fenêtre. (= n'importe laquelle des deux)*

❑ **either of** + pronom ou nom pluriel indique qu'il n'y a pas de préférence entre deux choses ou deux personnes. C'est encore une fois l'idée de « n'importe lequel ».

› *Can **either of** your brothers help me?*
› *Est-ce que l'un de vos (deux) frères peut m'aider ?*

❑ **not ... either (of)** + nom signifie « aucun(e) (des deux) ». Comparez avec **any** (regardez les exemples à la fin de cette section).

› *He did**n't** get on with **either of** his sisters.*
› *Il ne s'entendait avec aucune de ses (deux) sœurs.*

› *I have**n't** read **either of** his books.*
› *Je n'ai lu aucun de ses (deux) romans.*

❑ **either ... or ...** indique le choix entre deux possibilités, et se traduit par *soit... soit...*

› *We can **either** go to the cinema **or** the theatre.*
› *Nous pouvons aller soit au cinéma, soit au théâtre.*

❑ À la fin d'une phrase négative, **either** correspond à *non plus.*

› *He doesn't like cauliflower, and he doesn't like carrots* ***either.***

› *Il n'aime pas le chou-fleur, et il n'aime pas les carottes non plus.*

voir : **neither, both**

**Notez bien** : either exprime l'idée de « n'importe lequel/laquelle des deux », « aucun(e) des deux » ; any exprime la même chose quand il y a plus de deux choses, deux personnes, etc.

› *You can take* ***any*** *train.*

› *Vous pouvez prendre n'importe quel train.*

› *Open* ***any*** *window.*

› *Ouvrez n'importe quelle fenêtre.*

› *He didn't get on with* ***any*** *of his sisters.*

› *Il ne s'entendait avec aucune de ses sœurs.*

› *I haven't read* ***any*** *of his books.*

› *Je n'ai lu aucun de ses romans.*

any a d'autres emplois. Reportez-vous à l'entrée any.

## else

❑ **else** est toujours associé à un autre mot et ne peut pas se traduire seul.

**1** Associé aux mots composés qui commencent par any…, no… et some…, **else** correspond souvent à l'expression française *…d'autre.* Attention aux différentes façons de traduire *autre(s).*

› *Did you see **anybody else**?*
› *As-tu vu quelqu'un d'autre ?*

› *I didn't buy **anything else**.*
› *Je n'ai rien acheté d'autre.*

› ***Nobody else** seemed to know.*
› *Personne d'autre ne semblait le savoir.*

› *There was **nothing else** to do.*
› *Il n'y avait rien d'autre à faire.*

› *Ask **somebody else**.*
› *Demandez à quelqu'un d'autre.*

**somebody else** peut se mettre au génitif ; on ajoute un *'s* pour signifier la possession.

› *That's **somebody else**'s cat.*
› *C'est le chat de quelqu'un d'autre.*

❑ **something else** = *autre chose*

› *I've got **something else** to tell you.*
› *J'ai autre chose à te dire.*

❑ **somewhere else** = *ailleurs*

› *Let's go **somewhere else**.*
› *Allons ailleurs.*

❑ **anywhere else** = *ailleurs* (dans une question ou une phrase négative).

› *Did you go **anywhere else**?*
› *Tu es allé ailleurs ?*

**2** Associé à what et à who, **else** signifie aussi « … d'autre ».

› ***What else*** *did he say?*
› *Qu'est-ce qu'il a dit d'autre ?*

› ***Who else*** *was there?*
› *Qui d'autre était là ?*

❑ Notez la traduction de **where else?** et de **how else?**

› ***Where else*** *did you go?*
› *Où est-ce que vous êtes allé, à part ça ?*

› ***How else*** *can we do it?*
› *Comment pouvons-nous le faire autrement ?*

**3** **or else...** signifie « sinon... »

› *Speak slowly* ***or else*** *nobody will understand you.*
› *Parle lentement sinon personne ne te comprendra.*

## enough

❑ **enough** = *suffisamment, assez (de).*

❑ **enough** se place après un adjectif, un adverbe ou un verbe.

› *This soup isn't hot* ***enough.***
› *Cette soupe n'est pas assez chaude.*

› *They didn't speak clearly* ***enough.***
› *Ils n'ont pas parlé assez clairement.*

› *I've heard* ***enough!***
› *J'en ai assez entendu !*

❑ **enough** se place avant un nom.

› *Do you think we'll have* ***enough*** *glasses?*
› *Tu penses qu'on aura assez de verres ?*

Notez comment **enough** précède directement le nom, sans **of**.

*assez de… pour* + verbe = **enough… to** + BV

› *We didn't have **enough** paint to finish the bedroom.*
› *On n'avait pas assez de peinture pour finir la chambre.*

❑ **have + not + enough** est une expression utile pour traduire « manquer de… ».

› *I haven't got **enough** space.*
› *Je manque d'espace.*

Ne confondez pas **enough** (= *assez* au sens de « suffisamment ») avec **quite** (= *assez* au sens de « un peu mais pas trop/plutôt »).

› *The exam was **quite** hard.*
› *L'examen était assez dur.*

## enter ou go / come in?

❑ **enter**= *entrer (dans)*

› *Everybody stood up when she **entered** the room.*
› *Tout le monde s'est levé quand elle est entrée dans la pièce.*

Ne dites pas *enter in.

❑ **come in** et **go in** sont beaucoup plus courants et plus naturels que **enter**. Essayez de les employer quand vous voulez dire *entrer*.

❑ On dit **come in** quand on parle de quelqu'un qui

vient à l'intérieur, et **go in** quand quelqu'un va à l'intérieur.

› ***Come in! I'm upstairs.***
› *Entrez ! Je suis à l'étage.*

› *He **went in.***
› *Il est entré.*

Notez l'emploi de la préposition into avant le nom d'un endroit.

› *We **went into** the bank.*
› *Nous sommes entrés à la banque.*

## -er

❑ La terminaison **-er** est employée pour former le comparatif de certains adjectifs.

› *This TV is cheap**er** in the other shop.*
› *Cette télé est moins chère dans l'autre magasin.*

› *It's warm**er** than last week.*
› *Il fait plus chaud que la semaine dernière.*

❑ **...er and ...er** = *de plus en plus...*

› *She got thinn**er and** thinn**er.***
› *Elle est devenue de plus en plus maigre.*

**voir : fiche 71**

## -est

❑ La terminaison **-est** est employée pour former le superlatif de certains adjectifs.

› *I bought the cheap**est** sandals I could find.*

› *J'ai acheté les sandales les moins chères que j'ai pu trouver.*

› *Death Valley is one of the hott**est** places on Earth.*
› *La Vallée de la Mort est un des endroits les plus chauds de la Terre.*

➡ **voir : fiche 72**

## even

**1** L'adverbe **even** s'emploie pour parler de quelque chose qui est surprenant, et peut être traduit par l'adverbe *même.*

› ***Even** the dog was tired!*
› *Même le chien était fatigué !*

**2** Quand il précède un adjectif au comparatif (adjectif + -er), **even** correspond à *encore* (*encore plus petit, encore moins cher,* etc.).

› *Our flat is small, but theirs is **even** smaller.*
› *Notre appartement est petit, mais le leur est encore plus petit.*

## ever

❑ **ever** exprime l'idée de « à un moment ou à un autre », « à n'importe quel moment », et peut se traduire de plusieurs façons.

**1** Dans des questions, avec le present perfect, **ever** correspond souvent à *déjà.*

› *Have you **ever** been to Scotland?*
› *Es-tu déjà allé en Écosse ?*

Ne confondez pas **ever** et already.

voir : already

**2** Dans les autres questions, **ever** correspond souvent à *parfois.*

› *Does Jamie **ever** write to you?*
› *Est-ce que Jamie t'écrit parfois ?*
› *Est-ce qu'il arrive que Jamie t'écrive ?*

Ne confondez pas **ever** et sometimes.

voir : sometimes

**3** **not... ever** signifie « ne... jamais ».

› *I **don't** think I've **ever** been there.*
› *Je ne pense pas y être jamais allé.*

Ne confondez pas **not... ever** et never. *Jamais* se traduit le plus souvent par never.

voir : never

**4** Avec un superlatif, **ever** correspond également à *jamais.*

› *That's the biggest cat I've **ever** seen.*
› *C'est le plus gros chat que j'aie jamais vu.*
› *It's the smallest car **ever** made.*
› *C'est la plus petite voiture jamais fabriquée.*

## every

❑ **every** = *tous/toutes les..., chaque.*

**1** Il y a très peu de différence d'emploi entre **each** + nom et **every** + nom, mais regardez bien les restrictions indiquées plus bas.

› *I think about you* ***every/each*** *morning.*
› *Je pense à toi chaque matin/tous les matins.*

**every**, comme **each**, est toujours suivi d'un singulier, jamais d'un pluriel : *every years est incorrect.

› *Prices go up* ***every/each*** *year.*
› *Les prix augmentent chaque année/tous les ans.*

**2** **every** s'emploie plus souvent que **each** avec les jours de la semaine.

› *He comes* ***every*** *Saturday.*
› *Il vient tous les samedis.*

**3** **each** s'emploie plus souvent que **every** quand le nombre d'éléments dont on parle est faible.

› *There were three doors, and* ***each*** *door was closed.*
› *Il y avait trois portes, et chaque porte était fermée.*

❑ Quand il n'y a que deux éléments, *every est impossible.

› *He had an apple in* ***each*** *hand.*
› *Il avait une pomme dans chaque main.*

**4** On dit **each of** + pluriel ; *every of est impossible.

› *He called* ***each of*** *his sisters.*
› *Il a appelé chacune de ses sœurs.*

❑ Mais on peut dire **every one of** + pluriel ou **each one of** + pluriel (= *chacun(e) de*).

› ***Every one of/Each one of*** *the boxes was empty.*
› *Chacun des cartons était vide.*

**5** **every** est toujours suivi d'un nom. Dans la deuxième phrase ci-dessous, *every est impossible.

› ***Every*** *child got a present.*
› *The children* ***each*** *got a present.*
› *Chacun des enfants a eu un cadeau.*

➾ **voir** : all, each

## everybody, everyone

❑ **everybody** et **everyone** signifient « tout le monde ».

› ***Everybody*** *knows the answer.*
› ***Everyone*** *knows the answer.*
› *Tout le monde connaît la réponse.*

## everything

❑ **everything** signifie « tout ».

› *I think I've understood* ***everything.***
› *Je pense que j'ai tout compris.*

› ***Everything*** *is very clear.*
› *Tout est très clair.*

➾ **voir** : all

## everywhere

❑ **everywhere** signifie « partout ».

› *They travel* ***everywhere*** *by plane.*
› *Ils voyagent partout en avion.*

## far

❑ **far (away)** signifie « loin », mais attention ! Il ne s'emploie pas tout à fait de la même façon que l'adverbe français.

› *Is it **far**?*
› *Is it **far away**?*
› *C'est loin ?*

On ne dit pas *it is far ! Pour dire que quelque chose est loin, employez a long way.

› *It's **a long way** from here.*
› *C'est loin d'ici.*

far s'emploie dans les questions et dans les expressions not far et too far.

❑ **not far** = *pas loin, près*

› *It is**n't** very **far**.*
› *Ce n'est pas très loin.*

› *They live **not far** from London.*
› *Ils habitent près de Londres.*

❑ **too far** = *trop loin*

› *Three kilometres? That's **too far**.*
› *Trois kilomètres ? C'est trop loin.*

❑ **how far?** interroge sur la distance.

› ***How far** is it?*
› *C'est à quelle distance ?*

› ***How far** is Dublin from here?*
› *Dublin est à combien de kilomètres d'ici ?*

➜ **voir** : **how + adjectif**

## **far** + comparatif / **too**

❑ **far** + comparatif = *beaucoup* + comparatif

› *Our new car is **far** bigger than the old one.*
› *Notre nouvelle voiture est beaucoup plus grande que l'ancienne.*

› *This exercise is **far** more difficult!*
› *Cet exercice est beaucoup plus difficile !*

❑ **far too** + adjectif ou adverbe = *beaucoup trop* + adjectif ou adverbe

› *You're walking **far too** slowly!*
› *Tu marches beaucoup trop lentement !*

Dans ce sens, **far** est synonyme de much (much bigger, much more difficult, much too slowly).

voir : **much**

## **feel** + adjectif

❑ **feel** + adjectif = *se sentir* + adjectif

› *I **feel** ill.*
› *Je me sens malade.*

› *Don't you **feel** silly wearing that hat?*
› *Tu ne te sens pas ridicule avec ce chapeau ?*

Notez qu'on n'emploie pas la forme pronominale (*feel myself, feel yourself) dans ce cas.

## **feel like**

❑ **feel like** exprime une ressemblance que l'on remarque en touchant quelque chose.

› *It **feels like** silk.*
› *Ça ressemble à de la soie.*
› *On dirait de la soie.*

❑ **feel like** peut également exprimer ce dont on a envie.

› *I **feel like** a drink.*
› *J'ai envie de prendre un verre.*

› *I don't **feel like** it.*
› *Je n'en ai pas envie.*

❑ **feel like** + BV -ing = *avoir envie de* + infinitif

› *I don't **feel like** going out tonight.*
› *Je n'ai pas envie de sortir ce soir.*

› *I **feel like** dancing!*
› *J'ai envie de danser !*

## few, a few

❑ **a few** = *quelques*

› *Put **a few** olives in the salad.*
› *Mets quelques olives dans la salade.*

**a few** n'est jamais suivi d'un nom au singulier !

› *It only costs **a few** euros.*
› *Ça ne coûte que quelques euros.*

❑ **a few more...** = *encore quelques...*

› *I need to write **a few** more letters.*
› *Je dois encore écrire quelques lettres.*

❑ **a few** et **some** (+ nom pluriel) ont presque le même sens (**some** est plus proche de *des*).

› *I need to write **some** more letters.*

› *Je dois encore écrire quelques lettres.*
› *Je dois encore écrire des lettres.*

❑ **few** = *peu de*

**few** n'est jamais suivi d'un nom au singulier !

› ***Few** people have climbed this mountain.*
› *Peu de gens ont escaladé cette montagne.*

❑ **not many** veut dire la même chose mais est plus courant.

› ***Not many** people have climbed this mountain.*
› *Peu de gens ont escaladé cette montagne.*

❑ Avec les noms non dénombrables, pour dire *un peu de...*, employez **a little** ou (plus familièrement) **a bit of.**

› *We need **a little** space.*
› *We need **a bit of** space.*
› *On a besoin d'un peu de place.*

Ne les confondez pas : **a few** = *quelques* ; **few** = *peu de* ; **a little, a bit of** = *un peu de.*

› *Put **a little** salt in the sauce.*
› *Put **a bit** of salt in the sauce.*
› *Mets un peu de sel dans la sauce.*

➜ **voir : bit, little, lot, many, much**

## for

❑ **for** signifie le plus souvent « pour ».

› *Are these flowers **for** me?*
› *Est-ce que ces fleurs sont pour moi ?*

Notez la position de **for** en fin de phrase quand on pose la question who for? *(pour qui ?)*.

› *Who is that letter* ***for?***
› *Pour qui est cette lettre ?*

❑ **what... for** est une expression employée pour demander *à quoi sert quelque chose.* Notez la position de **for** en fin de phrase.

› *What is that machine* ***for?***
› *À quoi sert cette machine ?*

❑ **what for?** signifie également *pourquoi ?* Dans ce cas, il a le même sens que why? Notez la position de **for** en fin de phrase.

› *What did you do that* ***for?***
› *Pourquoi tu as fait ça ?*

Attention à ne pas traduire *pour* + infinitif par **for.**

› ***To*** *stop the machine, press this button.*
› *Pour arrêter la machine, appuyez sur ce bouton.*

› *I just came* ***to*** *listen.*
› *Je suis juste venu pour écouter.*

❑ Quand *pour moi* signifie « à mon avis », ne le traduisez pas par *for me. Employez l'expression **in my opinion.**

› ***In my opinion,*** *he's wrong.*
› *Pour moi, il a tort.*

## for + période de temps

❑ **for** est employé avec le present perfect pour dire

depuis combien de temps une situation existe, depuis combien de temps on fait quelque chose.

› *I've known Sam **for** more than twelve years.*
› *Je connais Sam depuis plus de douze ans.*

Ne confondez pas **for** avec since ! Souvenez-vous : since introduit un point de départ.

❑ **for** est employé avec le prétérit pour dire pendant combien de temps une situation a duré dans le passé.

› *The building was empty **for** ten years.*
› *L'immeuble est resté vide pendant dix ans.*

❑ **for** est employé avec will pour dire pendant combien de temps une situation existera à l'avenir.

› *We will be in London **for** three days.*
› *On sera à Londres pendant trois jours.*

Ne confondez pas **for** avec during : during précise quand quelque chose s'est passé *(pendant la nuit, pendant les élections)* ; **for** précise pendant combien de temps *(pendant deux heures, pendant un an).*

› *I went skiing **for** a week **during** the Christmas holidays.*
› *Je suis allé faire du ski une semaine pendant les vacances de Noël.*

➜ **voir : during, since, while**

## from

❑ **from** correspond généralement au *de* exprimant l'origine, la provenance.

› *I'm **from** London.*
› *Je suis de Londres.*

› *Is it far **from** here?*
› *C'est loin d'ici ?*

› *I got a present **from** Jerry.*
› *J'ai reçu un cadeau de Jerry.*

❑ Notez l'ordre des mots quand on emploie who/where/which avec **from** : **from** se met à la fin.

› *Where is Jason **from?***
› *Jason vient d'où ?*

› *Do you know who this letter is **from?***
› *Tu sais de qui est cette lettre ?*

› *Which part of England are you **from?***
› *De quelle région d'Angleterre venez-vous ?*

## get, got, have got

❑ **get** peut se traduire de plusieurs façons. Votre dictionnaire vous montrera les divers sens et emplois de ce mot.

› *We always **get** lots of presents.*
› *On reçoit toujours beaucoup de cadeaux.*

❑ Le prétérit (passé) de **get** est **got**.

› *Danny **got** a bike for his birthday.*
› *Danny a eu un vélo pour son anniversaire.*

Ne confondez pas **got** (= prétérit de get) avec have got/has got (= *avoir, posséder*).

› *Danny **has got** a new bike.*
› *Danny a un nouveau vélo.*

voir : **have got**

## get to

❑ **get to** + endroit = *arriver à*

› *I'll phone you when I **get to** Leeds.*
› *Je t'appellerai quand j'arriverai à Leeds.*

❑ Le prétérit est **got to.**

› *He **got to** Paris at lunchtime.*
› *Il est arrivé à Paris à midi.*

❑ Le participe passé est **got to.**

› *We've **got to** chapter four.*
› *On est arrivé au chapitre 4.*

Ne confondez pas cette expression avec have got to + verbe, qui exprime l'obligation.

› *I have got to go now.*
› *Je dois partir maintenant.*

## go, went, gone

❑ go = *aller, partir*

› *Would you like to **go** with me?*
› *Tu veux y aller avec moi ?*

❑ Le prétérit de go est went.

› *We **went** to Paris.*
› *Nous sommes allés à Paris.*

❑ Le participe passé de go est gone.

› *Have they **gone**?*
› *Ils sont partis ?*

**voir** : gone (have/has gone)

## go + -ing

❑ go + BV -ing est une expression qu'on emploie pour parler d'activités sportives ou de loisirs qu'on ne pratique pas à la maison.

› *Do you want to **go** rid**ing** with me?*
› *Tu veux venir faire du cheval avec moi ?*

› *We **went** hik**ing** last weekend.*
› *Nous avons fait une randonnée le week-end dernier.*

❑ En général, quand le nom de l'activité se termine en -ing, on peut employer go + BV -ing : riding =

équitation ; go riding = (aller) faire du cheval ; rollerblading = roller ; go rollerblading = (aller) faire du roller.

› *The children **have gone** cycling.*
› *Les enfants sont allés faire du vélo.*

❑ Voici quelques exemples utiles à apprendre :

› ***go** cycling (faire du vélo)*
› ***go** fishing (aller à la pêche)*
› ***go** hunting (aller à la chasse)*
› ***go** sailing (faire de la voile)*
› ***go** shopping (faire les courses, les magasins)*
› ***go** sightseeing (faire du tourisme, voir ce qu'il y a à voir)*
› ***go** skiing (faire du ski)*
› ***go** skating (faire du patin à glace)*
› ***go** skateboarding (faire du skateboard)*
› ***go** surfing (faire du surf)*
› ***go** windsurfing (faire de la planche à voile)*

› *We **went** sightseeing in Vienna.*
› *On a fait du tourisme à Vienne.*

› *Let's **go** windsurfing on the lake!*
› *Allons faire de la planche à voile sur le lac !*

❑ Quand l'activité est désignée par verbe en -ing + complément (playing football, taking photographs, doing judo...), on n'emploie pas go + -ing mais go and + BV.

› *Let's **go and** take some photographs.*
› *Allons prendre des photos.*

› ***Go and** play football in the garden.*
› *Allez jouer au foot dans le jardin.*

➡ **voir** : -ing

➡ **voir** : do et make

## go in, go into, go to

❑ **go in** = *entrer*

› *We decided to **go in**.*
› *Nous avons décidé d'entrer.*

❑ Le verbe enter existe en anglais, mais il est moins courant que go in.

› *Please **go in!***
› *Entrez, je vous prie !*

❑ **go into** = *entrer dans*

› *They all **went into** the museum.*
› *Ils sont tous entrés dans le musée.*

Ne confondez pas **go in** avec go to *(aller en..., aller à...)* quand on parle d'un pays ou d'une ville. On ne dit pas *go in England !

› *We **go to** England regularly.*
› *Nous allons en Angleterre régulièrement.*

› *I **went to** London last week.*
› *Je suis allé à Londres la semaine dernière.*

## be going to + verbe

❑ On emploie **am/is/are going to** + verbe pour parler de ce qui va arriver, pour parler du futur.

› *Who **is going to** repair the roof?*
› *Qui va réparer le toit ?*

› *They **are going to** be angry.*
› *Ils vont être fâchés.*

**voir : fiche 51**

❑ On emploie **was/were going to** + verbe pour parler de ce qui allait arriver, de ce qu'on allait faire.

› *I **was going to** do it, then I forgot.*
› *J'allais le faire, puis j'ai oublié.*

› *He said he **was going to** hit me.*
› *Il a dit qu'il allait me frapper.*

Ne confondez pas **be going to** + verbe avec be going to + nom, qui signifie « aller quelque part ».

› *Harry **is going to** school.*
› *Harry va à l'école.*

## gone (have/has gone)

Ne confondez pas **have/has been** avec have/has gone.

❑ Dans l'exemple ci-dessous, Harry est allé (he has been...) au Japon – ces voyages font partie de son expérience.

› *Harry **has been** to Japan twice.*
› *Harry est allé au Japon deux fois.*

❑ Ci-dessous, Harry est parti au Japon et il n'est pas encore revenu (he has gone...).

› *Harry **has gone** to Japan.*
› *Harry est parti au Japon.*

❑ Dans l'exemple ci-dessous, Paul est revenu des courses et a rempli le frigo.

› *Paul **has been** shopping – the fridge is full!*
› *Paul est allé faire les courses, le frigo est plein !*

❑ Ci-dessous, Paul n'est pas revenu des courses.

› *Paul **has gone** shopping – he's taken the car!*
› *Paul est allé faire les courses, il a pris la voiture !*

➡ **voir : present perfect**

➡ **voir : fiches 33-36**

## got

❑ got peut être le prétérit (= le passé) de get (regardez get, plus haut).

› *Jamie **got** a present from his parents.*
› *Jamie a reçu un cadeau de ses parents.*

➡ **voir : have got/has got**

## had better

❑ **had better** est une expression qu'on emploie pour parler de ce que quelqu'un ferait mieux de faire.

› *Danny **had better** tell the truth.*
› *Danny ferait mieux de dire la vérité.*

❑ **had better** se contracte généralement en 'd better après les pronoms I, you, he, she, we, they.

› *You'**d better** leave now.*
› *Tu ferais mieux de partir maintenant.*

❑ La forme négative (pour parler de ce que quelqu'un ferait mieux de ne pas faire) est **had better not** (et non *hadn't better).

› *You'**d better not** say anything.*
› *Tu ferais mieux de ne rien dire.*

**had better** est une expression figée ; elle ne change jamais de forme : on ne dit pas *he has better... ou *they have better...

## have auxiliaire

➜ **voir : fiche 4**

## have verbe lexical

❑ Certaines activités courantes (boire, dîner, rêver) peuvent être exprimées en anglais par le verbe **have** suivi d'un nom. Dans ce cas, **have** ne se traduit pas par *avoir.*

› *I **had** a strange dream last night.*
› *J'ai fait un rêve bizarre cette nuit.*

› *Alison **is having** a bath.*

› *Alison prend un bain.*

› *We're **having** our dinner.*

› *On est en train de dîner.*

Notez que pour former l'interrogatif et le négatif, **have** se comporte comme un verbe ordinaire (do + sujet + have ; sujet + do + not + have).

› *Did you **have** a drink with David?*

› *Vous avez pris un verre avec David ?*

› *I didn't **have** a shave this morning.*

› *Je ne me suis pas rasé ce matin.*

On ne dit pas *had you a drink, ni *I hadn't a shave !

Notez l'emploi de l'impératif **have (a...)** dans des souhaits qui s'expriment en français par « bon... ».

› ***Have** a nice afternoon!*

› *Bon après-midi !*

› ***Have** a good trip!*

› *Bon voyage !*

## have got

❑ Quand **have** signifie « avoir » au sens de « posséder », il est souvent suivi de **got** en anglais courant. Le sens reste le même : I have a car et I've got a car signifient la même chose : « j'ai une voiture ».

› *We **have** two dogs and a cat.*

› *We**'ve got** two dogs and a cat.*

› *Nous avons deux chiens et un chat.*

› *Andrew **has** two sisters.*
› *Andrew **has got** two sisters.*
› *Andrew a deux sœurs.*

**have** + **got** n'est pratiquement employé qu'au présent : ne dites pas *We had got two dogs !

› *We **had** two dogs and a cat.*
› *Nous avions deux chiens et un chat.*

## have got to + verbe

❑ On emploie **have got to** + verbe pour parler de ce qu'on doit faire ; **have got to** a le même sens que have to (regardez aussi l'entrée have to).

› *Sorry, **I've got to** go.*
› *Désolé, je dois partir.*
› *You**'ve got to** listen to me.*
› *Tu dois m'écouter.*

Ne confondez pas **have got to** + verbe avec got to + endroit, qui est une forme du verbe get to (= *arriver à*).

› *We phoned our parents when we **got to** Paris.*
› *Nous avons téléphoné à nos parents quand nous sommes arrivés à Paris.*

## have to, has to, had to

❑ On emploie **have to/has to** + verbe pour parler de ce qu'on doit faire, de ce qu'on est obligé de faire.

› *Sorry, I **have to** go.*
› *Désolé, je dois partir.*

› *You **have to** listen to me.*
› *Tu dois m'écouter.*

Notez la forme négative (don't/doesn't have to).

› *Sam **doesn't have** to come with us.*
› *Sam n'est pas obligé de venir avec nous.*

Ne confondez pas **don't/doesn't have to** (= ce qu'on n'est pas obligé de faire) avec mustn't (= ce qu'on ne doit pas faire).

Notez la forme interrogative (do I/they/we/you have to? Does he/she/it have to?)

› ***Do I have to** do it now?*
› *Est-ce que je suis obligé de le faire maintenant ?*

❑ Au prétérit (= au passé), on emploie **had to.**

› *I **had to** clean my room.*
› *J'ai été obligé de nettoyer ma chambre.*

❑ Notez la forme négative (didn't have to) et interrogative (did I/he/she/it/we/you/they have to?)

› ***I didn't have to** clean my room.*
› *Je n'ai pas été obligé de nettoyer ma chambre.*

→ **voir : must**

## he

❑ **he** = *il* quand on parle d'une personne (homme, garçon) ou d'un animal familier mâle.

› *David was late because **he** missed the bus.*
› *David était en retard parce qu'il avait raté le bus.*

❑ Quand on ne parle pas d'une personne ou d'un animal de compagnie, on emploie it.

› *I sold my bike because **it** was too small.*

› *J'ai vendu mon vélo parce qu'il était trop petit.*

N'employez pas **he** pour des objets ou des animaux non familiers !

voir : it, she

## her

**1** **her** = *elle* complément, quand on parle d'une personne (fille, femme) ou d'un animal familier femelle.

› *Audrey didn't see me because I was behind **her**.*

› *Audrey ne m'a pas vu parce que j'étais derrière elle.*

**2** **to her** = *lui* (« à elle »)

› *Julie was at the party, but I didn't speak to **her**.*

› *Julie était à la fête, mais je ne lui ai pas parlé.*

**3** **her** = *son/sa/ses* quand on parle d'une personne (fille, femme) ou d'un animal familier femelle.

› *Laurie left **her** coat, **her** watch and **her** earrings on the plane.*

› *Laurie a oublié son manteau, sa montre et ses boucles d'oreilles dans l'avion.*

voir : him, it, me, us, you, them

## here, here's, here are

**1** **here** = *ici*

› *Sign **here**, please.*

› *Signez ici, s'il vous plaît.*

**here** peut aussi correspondre à *là,* mais seulement au sens de « ici ». Quand *là* signifie « là-bas », il faut traduire par there.

› *Sit **here,** next to me.*
› *Assieds-toi ici, à côté de moi.*
› *Assieds-toi là, à côté de moi.*

**2** **here's** (= here is) = *voici* suivi d'un singulier. **Here are** = *voici* suivi d'un pluriel.

› ***Here's** Ruth, and **here are** her parents.*
› *Voici Ruth, et voici ses parents.*

Ne confondez pas **here is...** (= *voici*) avec this is... employé pour présenter quelqu'un.

→ **voir : there, there's, there are**

## hers

❑ **hers** = *à elle* (exprimant la propriété)

› *I asked Olivia if the books were **hers.***
› *J'ai demandé à Olivia si les livres étaient à elle.*

❑ Quand *c'est à elle* signifie « c'est elle qui devrait le faire », cela se traduit par it's up to her.

› ***It's up to her** to call us!*
› *C'est à elle de nous appeler !*

→ **voir : his, mine, ours, theirs, yours**

## herself

**1** **herself** = *elle-même*

› *Mum said she would do the job **herself.***
› *Maman a dit qu'elle ferait le travail elle-même.*

**2** **herself** correspond au *se* du verbe pronominal (de sens réfléchi) quand le sujet est de sexe féminin (femme, fille, animal familier femelle).

› *My sister burnt **herself** while she was cooking.*
› *Ma sœur s'est brûlée en faisant la cuisine.*

› *The dog has hurt **herself**.*
› *La chienne s'est fait mal.*

➜ voir : **himself, itself, myself, ourselves, yourself, yourselves, themselves**

## him

**1** **him** = *lui* complément d'objet, quand on parle d'une personne (homme, garçon) ou d'un animal familier mâle.

› *Andrew didn't see me because I was behind **him**.*
› *Andrew ne m'a pas vu parce que j'étais derrière lui.*

**2** **to him** = *lui* (« à lui  »)

› *Jules was at the party, but I didn't speak **to him**.*
› *Jules était à la fête, mais je ne lui ai pas parlé.*

## himself

**1** **himself** = *lui-même*

› *Dad said he would do the job **himself**.*
› *Papa a dit qu'il ferait le travail lui-même.*

**2** **himself** correspond au *se* du verbe pronominal quand le sujet est de sexe masculin (homme, garçon, animal familier mâle).

› *My brother burnt **himself** while he was cooking.*

› *Mon frère s'est brûlé en faisant la cuisine.*

➜ voir : **herself, itself, myself, ourselves, yourself, yourselves, themselves**

## his

**1** **his** = *son/sa/ses* quand on parle d'une personne (homme, garçon) ou d'un animal familier mâle.

› *Fred left **his** coat, **his** watch and **his** gloves on the plane.*

› *Fred a oublié son manteau, sa montre et ses gants dans l'avion.*

**2** **his** = *à lui* (exprimant la propriété)

› *I asked Pierre if the books were **his**.*

› *J'ai demandé à Pierre si les livres étaient à lui.*

❑ Quand *c'est à lui* signifie « c'est lui qui devrait le faire », il se traduit par it's up to him.

› ***It's up to him** to call us!*

› *C'est à lui de nous appeler !*

## how?

❑ **how?** = *comment ?* au sens de « de quelle façon ? »

› ***How** do you make brownies?*

› *Comment fait-on les brownies ?*

❑ **how** + be conjugué ? sert à demander comment va quelqu'un.

› *And **how** is Kate now?*

› *Et comment va Kate maintenant ?*

› ***How*** *are you today?*
› *Comment vas-tu aujourd'hui ?*

**how?** ne s'utilise pas pour interroger sur l'apparence ou sur le caractère.

› ***How*** *are you today?*
› *Comment vas-tu aujourd'hui ?*

❑ Pour demander comment est quelqu'un ou quelque chose, on emploie l'expression **what is he/she /it like?**

› *Remind me,* ***what is Kate like?***
› *Rappelle-moi, elle est comment, Kate ?*

› ***What*** *was* ***it like?***
› *C'était comment ?*

**how is...** ne signifie pas « *comment est... » mais « comment va... »

› ***What*** *will the new building be* ***like?***
› *Comment sera le nouvel immeuble ?*

➺ **voir** : **like, be like**

## **how** + adjectif

❑ **how** peut s'employer avec un adjectif pour former une exclamation.

› *He didn't lock the door!* ***How*** *stupid!*
› *Il n'a pas fermé la porte à clé ! Que c'est bête !*

› ***How*** *kind! You've brought me some flowers.*
› *Comme c'est gentil ! Tu m'as apporté des fleurs.*

➺ **voir** : **what**

❑ On emploie **how** + adjectif...? pour poser des questions sur des choses qu'on peut mesurer ou estimer (la taille, l'âge, le poids, la difficulté, la température, etc.).

› *How tall are you? – I'm 6 foot 2.*
› *Tu mesures combien ? – Je mesure 1,85 m.*

› *How old is David? – He's thirteen.*
› *Quel âge a David ? – Il a treize ans.*

❑ Pour répondre à la question **how** + adjectif...?, on peut fournir soit une mesure exacte (le poids, l'âge, etc.), soit une appréciation moins précise (avec very ou not very).

› *How heavy is the lorry?*
*– It weighs two tons ou very heavy!*
› *Quel est le poids du camion ?*
*– Il pèse deux tonnes ou très lourd !*

Apprenez à reconnaître cette structure, et à employer vous-même les deux exemples les plus fréquents : **how old...?** (pour demander l'âge de quelqu'un) et **how tall...?** (pour demander la taille de quelqu'un).

› *How difficult was the exam? – Not very difficult.*
› *Quel était le niveau de difficulté de l'examen ?*
*– Pas très difficile.*

› *How fast can you run? – Very fast!*
› *À quelle vitesse peux-tu courir ? – Très vite !*

**voir : how long, how many, how much. Pour how far voir far**

## how about...?

❑ **how about...?** est une expression qu'on emploie pour lancer une idée, pour proposer quelque chose. En français, l'expression qui correspond est « (et) si... ? ».

› ***How about*** *a drink?*

› *Si on allait prendre un verre ?*

❑ **how about...?** est suivi soit d'un nom, soit d'un verbe en -ing.

› ***How about*** *going to the cinema?*

› *Si on allait au cinéma ?*

➪ **voir : let's**

## how do you do?

❑ **how do you do?** est une manière de saluer quelqu'un très poliment, généralement en lui serrant la main. Cette expression est de moins en moins employée en anglais, mais si quelqu'un vous dit how do you do?, souvenez-vous qu'il faut simplement répondre how do you do?

Paul présente sa copine Sophie à son ami Gary :

› *Paul: Gary, this is Sophie.*
*Gary:* ***How do you do?***
*Sophie:* ***How do you do?***

› Paul : *Gary, je te présente Sophie.*
Gary : *Enchanté !*
Sophie : *Enchantée !*

➪ **voir : how**

## how long?

❑ **how long?** pose la question *combien de temps ?*

› ***How long*** *is the film? – Three hours.*

› *Le film dure combien de temps ? – Trois heures.*

› *How long were they married? – Eighteen years.*

› *Ils ont été mariés pendant combien de temps ? – Dix-huit ans.*

❑ **how long?** est employé avec le verbe take pour demander combien de temps il faut pour faire quelque chose.

› ***How long*** *will it take to fix the car? – Not very long.*

› *Il faudra combien de temps pour réparer la voiture ? – Ce ne sera pas très long.*

❑ **how long?** est employé pour demander la durée d'un séjour.

› ***How long*** *are you staying in Paris? – Not very long: less than a week.*

› *Tu restes combien de temps à Paris ? – Pas très longtemps : moins d'une semaine.*

❑ **how long?** est employé avec le present perfect pour demander depuis combien de temps quelqu'un fait quelque chose.

› ***How long*** *have you lived here? – A long time! At least ten years.*

› *Depuis combien de temps habites-tu ici ? – Depuis longtemps ! Au moins dix ans.*

→ **voir :** long

## how many, how much?

❑ **how many** et **how much** posent la question *combien (de) ?*

❑ **how many** + nom s'emploie avec les pluriels (how many bags/children/cats?).

› ***How many*** *boys came to the party? – About twenty.*

› *Combien de garçons sont venus à la fête ? – Une vingtaine.*

❑ **how much** + nom s'emploie avec les indénombrables (how much flour/water/money/rice/milk/time?).

› ***How much*** *flour do I need to make ten pancakes?*

› *J'ai besoin de combien de farine pour faire dix crêpes ?*

❑ Quand **how much** n'est pas suivi d'un nom, il signifie *combien (d'argent).*

› ***How much*** *does Sam earn?*

› *Combien gagne Sam ?*

❑ **how much** + be conjugué ? s'emploie pour demander le prix de quelque chose.

› ***How much*** *are the strawberries?*

› *Combien coûtent les fraises ?*

› ***How much*** *was the taxi?*

› *Combien a coûté le taxi ?*

➾ **voir** : **many, much**

## **I** et **me**

❑ **I** = *je* ; **I** est le sujet de la phrase. **me** = *moi* ; **me** est le complément.

› *I took the dogs with* ***me.***
› *J'ai emmené les chiens avec moi.*

› ***I'm*** *cold.*
› *J'ai froid.*
› *Moi, j'ai froid.*

On ne dit pas *me, I... pour traduire *moi, je...* !

## I'd like

❑ **I'd like** (= I would like) vous permet de dire ce que vous aimeriez, ce que vous aimeriez faire, ce que vous voudriez...

› ***I'd like*** *to speak to Mr Lee, please.*
› *J'aimerais parler à M. Lee, s'il vous plaît.*

› ***I'd like*** *a new bike, but I can't afford it.*
› *J'aimerais un nouveau vélo, mais je n'ai pas les moyens.*

❑ **I'd like** est employé dans les magasins pour dire au vendeur ce qu'on veut acheter.

› ***I'd like*** *some carrots, please.*
› *Je voudrais des carottes, s'il vous plaît.*

On ne dit pas *I'd want pour *je voudrais...*

Ne confondez pas **I'd like** avec I like, qui vous permet de dire ce que vous aimez bien, ce que vous aimez faire.

› *I like talking to Mr. Lee, he's very interesting.*
› *J'aime bien parler avec M. Lee, il est très intéressant.*
› *I like my new bike!*
› *J'aime bien mon nouveau vélo !*

## if + présent

**if** + présent = *si* + présent. **if** + présent s'emploie avec les modaux will, can, might, must.

› *Can I come? – If you are good!*
› *Je peux venir ? – Si tu es sage !*
› *If I'm late, don't wait for me.*
› *Si je suis en retard, ne m'attends pas.*

❑ **if** + présent + **will** : ce qui arrivera si...

› *If the price goes down, I will buy it.*
› *Si le prix baisse, je l'achèterai.*

❑ **if** + présent + **might** : ce qui arrivera peut-être si..., ce qui pourrait arriver si...

› *We might go out if the weather improves.*
› *On sortira peut-être si le temps s'améliore.*
› *Il se pourrait qu'on sorte si le temps s'améliore.*

❑ **if** + présent + **can** : ce qui est possible si...

› *If you are bored, you can leave.*
› *Si tu t'ennuies, tu peux partir.*

❑ **if** + présent + **must** : ce qu'on doit faire si...

› *If you need anything, you must tell me.*
› *Si tu as besoin de quelque chose, il faut que tu me le dises.*

## if + prétérit

**if** + prétérit = *si* + imparfait. **if** + prétérit s'emploie avec les modaux would, could et might.

- **if** + prétérit + would = ce qui arriverait si…
  - › ***If*** *you bought a computer, I would send you e-mails.*
  - › *Si tu achetais un ordinateur, je t'enverrais des courriels.*
- **if** + prétérit + could = ce qui serait possible si…
  - › ***If*** *we lived in a bigger flat, we could organize a party.*
  - › *Si on habitait dans un plus grand appartement, on pourrait organiser une fête.*
- **if** + prétérit + might = ce qui arriverait peut-être si…
  - › ***If*** *you walked a bit faster, we might arrive on time.*
  - › *Si tu marchais un peu plus vite, on arriverait peut-être à l'heure.*

## if + past perfect

Le « past perfect » = had + participe passé : I had gone, David had been ill, you had eaten…

- **if** + past perfect est suivi de would have, could have et might have (regardez les exemples).
- **if** + past perfect + would have = ce qui serait arrivé si…
  - › ***If*** *you had bought her a present, she would have been very happy.*
  - › *Si tu lui avais acheté un cadeau, elle aurait été très contente.*

❑ **if** + past perfect + **could have** = ce qui aurait été possible si...

› ***If** David had come earlier, we could have gone for a walk.*
› *Si David était venu plus tôt, on aurait pu aller se promener.*

❑ **if** + past perfect + **might have** = ce qui serait peut-être arrivé si...

› ***If** it had been cheaper, I might have bought it.*
› *S'il avait été moins cher, je l'aurais peut-être acheté.*

## in et to

❑ **in** signifie « dans », « à » ou « en ». C'est un mot qu'on emploie pour parler de l'endroit où se trouve quelqu'un ou quelque chose.

› *The tickets are **in** my pocket.*
› *Les billets sont dans ma poche.*

› *I live in Lille, which is **in** France.*
› *J'habite à Lille, qui est en France.*

❑ Quand on parle d'un déplacement ou d'un voyage, on emploie **to**, pas in.

› *I'm going **to** London next Tuesday, and then on Friday I'm going **to** Belgium.*
› *Je vais à Londres mardi prochain, et puis vendredi je vais en Belgique.*

Ne dites pas des choses comme *to go in England ou *I am going in Paris ! Il faut employer to quand on parle d'un changement de lieu.

Avec le verbe arrive, on emploie **in**, pas *to.

› *Phone me when you arrive* ***in*** *Lille.*

› *Appelle-moi quand tu arriveras à Lille.*

On dit **welcome to...**, pas *welcome in...

› ***Welcome to*** *Paris!*

› *Bienvenue à Paris !*

❑ Quand on parle d'entrer dans un immeuble, une pièce ou un magasin, on emploie **in** avec le verbe de mouvement (notamment go et come).

› *Please go* ***in.***

› *Entrez, je vous prie.*

› *Come* ***in!***

› *Entrez !*

## in + mois/année

❑ Quand on parle d'un mois ou d'une année, *en* se traduit par **in.**

› *We always go on holiday* ***in*** *August.*

› *Nous allons toujours en vacances en août.*

❑ Mais on ne dit pas *in last/next...

› *We saw each other* ***last*** *May.*

› *On s'est vus en mai dernier.*

› *I'm leaving next June.*

› *Je pars en juin de l'année prochaine.*

› *I was born* ***in*** *1990.*

› *Je suis né en 1990.*

➾ **voir : on + jour**

## -ing (activités)

**1** La forme en **-ing** correspond souvent à l'infinitif en français quand on parle d'activités.

› *Here is a list of activities: listen**ing** to music, go**ing** out with friends, watch**ing** TV.*
› *Voici une liste d'activités : écouter de la musique, sortir avec des amis, regarder la télé.*

❑ Mot à mot, la phrase ci-dessous signifie « fumer n'est pas permis ici ».

› *Smok**ing** isn't allowed in here.*
› *Il est interdit de fumer ici.*

**2** La forme en **-ing** est employée pour certaines activités sportives.

› *He teaches ski**ing**, sail**ing** and box**ing**.*
› *Il enseigne le ski, la voile et la boxe.*

**3** La forme en **-ing** est très importante quand on veut exprimer ce qu'on aime faire ou ce qu'on n'aime pas faire.

› *I like cook**ing** but I hate do**ing** the housework.*
› *J'aime faire la cuisine mais je déteste faire le ménage.*

Notez que l'infinitif français ne correspond pas toujours à **to** + BV en anglais. ➜ **voir : fiche 3**

## -ing (be + -ing) ➜ **voir : fiches 28-31**

## into

❑ **into** signifie « dans ». Il est généralement employé

quand il y a un déplacement vers l'intérieur.

› *David came **into** the room.*
› *David est entré dans la pièce.*

› *I put the papers **into** the box.*
› *J'ai mis les papiers dans la boîte.*

❑ Avec convert, change, transform et translate, **into** correspond à *en*.

› *Can you translate this **into** English?*
› *Tu peux traduire ça en anglais ?*

› *How do you convert euros **into** dollars?*
› *Comment est-ce que l'on convertit les euros en dollars ?*

On ne dit pas *in dans ces cas-là !

## is, it, it's, its

**1** **is** est une forme du verbe be (= *être*) : he is..., she is..., it is...

› *Sophie **is** my sister.*
› *Sophie est ma sœur.*

**2** **it** est un pronom qui correspond à *ce*, à *c'* (dans « c'est ») ou à *il*.

› *Is **it** finished?*
› *C'est terminé ?*

› ***It** was cold yesterday.*
› *Il a fait froid hier.*

❑ **it** ne s'emploie pas pour parler d'une personne. Dans ce cas, *c'* se traduit par he ou she.

› ***He's** a very kind man.*
› *C'est un homme très gentil.*
› ***She's** an old woman now.*
› *C'est une vieille femme maintenant.*

On ne dit pas *It's an old woman, ni *It's a kind man !

**3** **it's** est la contraction de **it is** (« c'est », « il est »).

› ***It's** dangerous to ski here.*
› *C'est dangereux de skier ici.*
› ***It's** late.*
› *Il est tard.*

Notez qu'on dit **it's** avec une date, jamais *we are...

› ***It's** Wednesday.*
› *On est mercredi.*

**4** **its** est un pronom personnel qui correspond à *son, sa, ses* quand on parle d'une chose ou d'un animal non familier.

› *The budgie was in **its** cage.*
› *La perruche était dans sa cage.*

**voir : his, her**

## it (impersonnel)

❑ **It** correspond à *il* dans les tournures impersonnelles (quand on parle du temps qu'il fait ou de l'heure, par exemple).

› ***It** rained all day.*
› *Il a plu toute la journée.*

› ***It****'s five o'clock.*
› *Il est cinq heures.*

## itself

❑ **itself** correspond au *se* du verbe pronominal quand le sujet est un animal ou une chose.

› *The cat was licking* ***itself****.*
› *Le chat se léchait.*

› *The swimming pool cleans* ***itself****.*
› *La piscine se nettoie toute seule.*

❑ **by itself** = *tout(e) seul(e)*

› *The computer turns on* ***by itself****.*
› *L'ordinateur s'allume tout seul.*

❑ **in itself** = *en soi*

› *This is not a problem* ***in itself****.*
› *Ce n'est pas un problème en soi.*

➾ **voir : herself, himself, ourselves, themselves, yourself, yourselves**

J

## just

❑ **just** est employé avec le present perfect pour parler de ce qu'on vient de faire, de ce qui vient de se passer. Notez que **just** se met entre l'auxiliaire (have) et le verbe.

› *I've **just** finished the washing-up.*
› *Je viens de terminer la vaisselle.*

› *Mr. Benson has **just** left.*
› *M. Benson vient de partir.*

› *Hurry up, the film has **just** started!*
› *Dépêche-toi, le film vient de commencer !*

**voir : fiche 32**

## least

❑ **the least** + adjectif = *le moins, la moins* + adjectif

› *I chose **the least** expensive menu.*

› *J'ai choisi le menu le moins cher.*

❑ **at least** = *au moins*

› *You could **at least** help me!*

› *Tu pourrais au moins m'aider !*

On ne dit pas *at the least !

## less

❑ **less** = *moins, moins de...*

› *You should work **less**.*

› *Tu devrais travailler moins.*

› *He earns **less** money now.*

› *Il gagne moins d'argent maintenant.*

❑ **less than** = *moins que...*

› *The film is **less** interesting **than** the book.*

› *Le film est moins intéressant que le livre.*

Ne dites pas *less that !

❑ **less and less** = *de moins en moins (de)*

› *I go out **less and less**.*

› *Je sors de moins en moins.*

› *People eat **less and less** fish.*

› *Les gens mangent de moins en moins de poisson.*

## let

❑ **let** évoque la permission, l'autorisation. À la

forme négative, don't/doesn't/didn't + **let** évoque l'interdiction. **Let** correspond souvent à *laisser* (au sens d'autoriser).

› *My parents* ***don't let*** *me go out.*
› *Mes parents ne me laissent pas sortir.*
› *Mes parents m'interdisent de sortir.*

› ***Let*** *me look!*
› *Laisse-moi regarder !*

› ***Let*** *me help you.*
› *Permettez-moi de vous aider.*

➜ **voir : allowed, can**

## let's

❑ **let's** est une expression qu'on emploie dans la langue parlée pour lancer une idée. En français, on emploie le présent de l'impératif à la première personne du pluriel pour dire la même chose : *allons, voyons, marchons, partons...*

› ***Let's*** *go to the cinema this evening.*
› *Allons au cinéma ce soir.*

› ***Let's*** *go!*
› *Allons-y !*

› ***Let's*** *see who can run the fastest.*
› *Voyons qui court le plus vite.*

## like (préposition)

❑ **like** (= *comme*) établit une comparaison et exprime une ressemblance.

› *Rats are **like** large mice.*
› *Les rats sont comme de grosses souris.*

› ***Like** me, he comes to school by bus.*
› *Comme moi, il vient à l'école en bus.*

› *He works **like** a slave.*
› *Il travaille comme un esclave.*

Ne confondez pas **like** et as (= comme, au sens de « en tant que... »). As serait impossible dans les trois phrases ci-dessus.

❑ **as** = *comme, en tant que*

› ***As** a teacher, I cannot accept this behaviour.*
› *En tant qu'enseignant, je ne peux pas accepter ce comportement.*
› *He works **as** a waiter.*
› *Il travaille comme serveur.*

❑ **what** + **be** conjugué + **like?** permet de demander une description. Elle correspond généralement à *comment ?*

› ***What** is his brother **like?***
› *Il est comment, son frère ?*

› ***What** were the restaurants **like** in London?*
› *Ils étaient comment, les restaurants à Londres ?*

Ne confondez pas **what... like?** (qui demande une description) et how? (= *comment ? de quelle manière ?*)

› ***What**'s it **like?***
› *C'est comment ?*

Ne confondez pas **what is he like?** (*comment est-il ? :* personnalité), **what does he look like?** (*comment est-il physiquement ?*) et **what does he like?** (*qu'est-ce qu'il aime ?*)

› *What kind of films does your sister like?*
› *Ta sœur aime quel genre de films ?*

## a lot, lots of

❑ **a lot** = *beaucoup*

› *I read **a lot**.*
› *Je lis beaucoup.*

› *How much does he earn? – **A lot!***
› *Combien gagne-t-il ? — Beaucoup !*

❑ **a lot of** ou **lots of** = *beaucoup de*

› *I read **a lot of** novels.*
› *I read **lots of** novels.*
› *Je lis beaucoup de romans.*

**a lot of** et **lots of** sont toujours suivis d'un nom : on ne dit pas *I read a lot of pour *je lis beaucoup*.

› *Paul goes out a lot – he's got **lots of** friends and a lot of money!*
› *Paul sort beaucoup – il a beaucoup d'amis et beaucoup d'argent !*

Le contraire de **a lot (of)** est not much/not many (= *pas beaucoup [de]*).

➺ **voir : many, much**

## many

❑ **many** = *beaucoup de*

› ***Many** people think hunting is cruel.*

› *Beaucoup de gens pensent que la chasse est cruelle.*

❑ **many** est employé avec les noms dénombrables (boys, people, houses...). Avec les noms indénombrables (rice, water, air...) on emploie **a lot of**.

› *Were there **many** mistakes in the essay?*

› *Y avait-il beaucoup de fautes dans le devoir ?*

› *Drink **a lot of** water.*

› *Bois beaucoup d'eau.*

➜ **voir : much, how many**

Notez comment **many** précède directement le nom (sans of). Regardez l'entrée suivante pour l'emploi de many of...

❑ **many, a lot of** et **lots of** signifient la même chose.

› *Not **many** English people like snails.*

› *Peu d'Anglais aiment les escargots.*

❑ **not many** = *pas beaucoup de, peu de*

› *There **aren't many** clothes shops in this area.*

› *Il n'y a pas beaucoup de magasins de vêtements dans ce quartier.*

**not many** et **few** signifient la même chose.

➜ **voir : few, lots of**

## many of...

❑ **many of** exprime l'idée de « un grand nombre de... ».

› ***Many of*** *these books were damaged in the flood.*
› *Un grand nombre de ces livres ont été abîmés dans l'inondation.*

❑ Comparez **many books** *(beaucoup de livres)* et **many of these books** *(un grand nombre de ces livres).*

❑ **many of** est toujours suivi d'un déterminant (the, these...) ou d'un pronom personnel (you, us...). Il n'est jamais suivi directement d'un nom (on ne dit pas *many of people).

› ***Many of*** *you know this writer.*
› *Beaucoup d'entre vous connaissent cet écrivain.*

## may

❑ **may** est un modal. Un modal, c'est un mot qu'on ne peut pas traduire directement, mais qui permet d'exprimer certaines choses en anglais. **May** permet de parler de ce qui arrivera peut-être, de ce qui est peut-être vrai.

› *It* ***may*** *rain tomorrow.*
› *Peut-être qu'il pleuvra demain.*
› *The train* ***may*** *be late.*
› *Le train sera peut-être en retard.*
› *The painting* ***may*** *be a Picasso.*
› *Le tableau est peut-être un Picasso.*

❑ **may not** exprime ce qui n'arrivera peut-être pas, ce qui n'est pas sûr.

› *David* ***may not*** *answer the phone.*
› *David ne répondra peut-être pas au téléphone.*

❑ **may** n'est pas très courant, surtout en anglais parlé. might, qui a un sens très proche, est plus courant.

› *We **may** not arrive in time.*
› *Nous n'arriverons peut-être pas à l'heure.*

❑ **may I?** est une expression qu'on emploie pour demander très poliment la permission de faire quelque chose. Cette expression est peu employée aujourd'hui ; elle est remplacée par can I? et (plus poliment) could I?

› ***May I** speak to Mr. Briggs, please?*
› *Puis-je parler à M. Briggs, s'il vous plaît ?*

**voir : can, could, might**

## me

❑ **me** = *moi*

› *I told Cathy to come with **me**.*
› *J'ai dit à Cathy de venir avec moi.*

› *Hi, it's **me!***
› *Salut, c'est moi !*

L'expression *moi, je...* se traduit simplement par **I...** On ne dit pas *me, I... !

› ***I** don't like it.*
› *Moi, je n'aime pas ça.*

## might

❑ **might** est un modal. Un modal, c'est un mot qu'on ne peut pas traduire directement, mais qui permet d'exprimer certaines choses en anglais. **might** permet de parler de ce qui arrivera peut-être, de ce qui est peut-être vrai.

› *It **might** rain tomorrow.*
› *Peut-être qu'il pleuvra demain.*

› *The train **might** be late.*
› *Le train sera peut-être en retard.*

› *The painting **might** be a Picasso.*
› *Le tableau est peut-être un Picasso.*

❑ **might not** exprime ce qui n'arrivera peut-être pas, ce qui n'est pas sûr.

› *David **might not** answer the phone.*
› *David ne répondra peut-être pas au téléphone.*

On est souvent tenté d'employer les mots maybe et perhaps dans ce genre de phrase (pour traduire « peut-être »), mais le modal **might** est beaucoup plus naturel.

› *We **might** not arrive in time.*
› *Nous n'arriverons peut-être pas à l'heure.*

➜ **voir : can, could, may**

## mine (pronom)

❑ **mine** = *le mien, la mienne, les miens, les miennes*

› *David's bike is older than **mine**.*
› *Le vélo de David est plus vieux que le mien.*

On ne dit pas *the mine !

❑ En français, le possessif *mien/mienne/miens/miennes* change en fonction du genre et du nombre du nom. En anglais, les noms n'ont pas de genre grammatical et le mot **mine** ne change jamais de forme.

› *If your watch is broken you can borrow* ***mine.***
› *Si ta montre est cassée tu peux emprunter la mienne.*

› *I prefer your glasses to* ***mine.***
› *Je préfère tes lunettes aux miennes.*

❑ **mine** peut parfois être traduit par *à moi.*

› *That money is* ***mine.***
› *Cet argent est à moi.*

Notez l'expression **of mine.**

› *He's a friend* ***of mine.***
› *C'est un ami à moi.*

On ne dit pas *a friend of me !

❑ Quand « c'est à moi » signifie « c'est moi qui devrais le faire », cela se traduit par **it's up to me.**

› ***It's up to me*** *to call them!*
› *C'est à moi de les appeler !*

› ***It wasn't up to me*** *to decide!*
› *Ce n'était pas à moi de décider !*

## more

❑ **more... than** = *plus... que*

› *My new computer is a lot* ***more*** *powerful* ***than*** *the old one.*
› *Mon nouvel ordinateur est beaucoup plus puissant que l'ancien.*

Ne dites jamais *more that !

❑ **more than** + chiffre = *plus de*

› *There are* ***more than*** *ten.*

› *Il y en a plus de dix.*

❑ **some/any more** exprime l'idée de « encore » (au sens de « un peu plus de... »).

› *Are there* ***any more*** *biscuits?*

› *Il y a encore des biscuits ?*

› *Il reste des biscuits ?*

Notez que **more** précède directement le nom (sans of).

❑ **not... any more** exprime ce qui ne se produit plus, ce qu'on ne fait plus, ce qui n'existe plus.

› *I do**n't** go swimming* ***any more****.*

› *Je ne vais plus à la piscine.*

Ne dites pas *I don't go more ! Il faut utiliser **not any more,** pas *not more.

› *Rachel does**n't** phone me* ***any more****.*

› *Rachel ne me téléphone plus.*

❑ **no more** + nom s'emploie pour dire *il n'y a plus de.*

› *There's* ***no more*** *cheese.*

› *Il n'y a plus de fromage.*

❑ **more and more** = *de plus en plus (de)*

› *Computers are* ***more and more*** *powerful.*

› *Les ordinateurs sont de plus en plus puissants.*

› *He earns* ***more and more*** *money.*

› *Il gagne de plus en plus d'argent.*

## the most et most of

- **the most** + adjectif = *le plus/la plus/les plus* + adjectif

› *That's **the most** ridiculous thing I've ever heard!*
› *C'est la chose la plus ridicule que j'aie jamais entendue !*

➡ **voir : -est**

- **the most** + nom = *le plus de* + nom

› *He bought **the most** expensive shoes in the shop.*
› *Il a acheté les chaussures les plus chères du magasin.*

› *Who scored **the most** points?*
› *Qui a marqué le plus de points ?*

› *Who ate **the most** cake?*
› *Qui a mangé le plus de gâteau ?*

- verbe + **the most** = verbe + *le plus*

› *In our family, it's Dan who reads **the most**.*
› *Dans notre famille, c'est Dan qui lit le plus.*

- **most** + nom = *la plupart de* + nom, *presque tout* + nom

› ***Most** English people drink a lot of tea.*
› *La plupart des Anglais boivent beaucoup de thé.*

Pour dire une généralité (« la plupart de), on utilise **most**, pas *most of. On dit most cats, pas *most of cats !

› ***Most** cats hate water.*
› *La plupart des chats détestent l'eau.*

- **most of** est toujours suivi d'un déterminant (the, these...) ou d'un pronom personnel (my, your, them).

› *She was happy **most of** the time.*
› *Elle était heureuse la plupart du temps.*

› *We ate **most of** the strawberries and drank **most of** the wine.*
› *On a mangé la plupart des fraises et bu presque tout le vin.*

› *I put **most of** my money in the bank.*
› *Je mets la plus grosse partie de mon argent à la banque.*

## much

❑ **much** (= *beaucoup*) est surtout employé dans des questions, dans l'expression not much, et dans des comparaisons (much more, much bigger...).

› *Do you read **much?** – Yes, I read a lot.*
› *Tu lis beaucoup ? – Oui, je lis beaucoup.*

❑ Pour traduire *beaucoup* dans des phrases affirmatives, employez **a lot (of),** pas **much.**

› *I haven't got **much** time, but I've got **a lot of** problems!*
› *Je n'ai pas beaucoup de temps, mais j'ai beaucoup de problèmes !*

❑ **much** est employé avec les noms indénombrables (air, water, rice, wine...). Avec les noms dénombrables (boys, people, houses...) on emploie **many.**

› *There's not **much** wine, and there aren't **many** sandwiches!*
› *Il n'y a pas beaucoup de vin et il n'y a pas beaucoup de sandwichs !*

❑ **much more/less** + adjectif = *beaucoup plus/moins* + adjectif

› *This chair is **much more** comfortable.*

› *Cette chaise est beaucoup plus confortable.*

❑ **much ...-er** = *beaucoup plus* + adjectif

› *I need a **much** big**ger** bike.*

› *J'ai besoin d'un vélo beaucoup plus grand.*

➔ **Pour how much, voir : how many. Pour too much, voir : too**

➔ **voir : many, most**

## must

❑ **must** est un modal. Un modal, c'est un mot qu'on ne peut pas traduire directement, mais qui permet d'exprimer certaines choses en anglais. **must** a deux fonctions importantes.

**1** **must** permet de parler de ce qu'il faut faire, de ce qu'on doit faire. **must** exprime le devoir, l'obligation.

› *I **must** phone Julie.*

› *Il faut que j'appelle Julie.*

› *Je dois appeler Julie.*

› *You really **must** visit the Louvre when you're in Paris!*

› *Il faut vraiment que vous alliez au Louvre quand vous serez à Paris !*

❑ **mustn't** indique ce qu'il ne faut pas faire, ce qu'on ne doit pas faire, il exprime l'interdiction.

› *You **mustn't** sit there.*

› *Il ne faut pas que tu te mettes là.*

Ne confondez pas l'interdiction (= mustn't) et l'absence d'obligation (= needn't).

› *You **needn't** pay for the drinks.*

› *Tu n'es pas obligé de payer les boissons.*

voir : **needn't**

**2** **must** permet de parler de ce qui doit être le cas, des choses dont on est presque certain. **must** exprime la quasi-certitude.

› *It **must** be at least 3 o'clock.*

› *Il doit être au moins quinze heures.*

› *You **must** know Jerry, he comes here every week!*

› *Tu dois connaître Jerry, il vient ici chaque semaine !*

› *They **must** be tired and hungry.*

› *Ils doivent être fatigués et avoir faim.*

❑ Pour dire ce qui ne doit pas être le cas, on emploie **can't**, pas *mustn't (souvenez-vous : mustn't exprime l'interdiction).

› *It **can't** be midnight.*

› *Il ne doit pas être minuit.*

› *They **can't** be tired.*

› *Ils ne doivent pas être fatigués.*

**must,** comme tous les modaux, n'est JAMAIS suivi du mot to ! On dit **I must go** et non pas *I must to go !

› *I **must** go now.*

› *Je dois partir maintenant.*

› *It **must** rain a lot here.*

› *Il doit pleuvoir beaucoup ici.*

It **must** ne signifie pas « il faut » !

## must have + participe passé

❑ **must have** + participe passé est employé pour avancer une hypothèse sur ce qui a dû se passer.

› *I **must have** left my book on the Tube.*
› *J'ai dû laisser mon livre dans le métro.*
› *There **must have** been a mistake.*
› *Il a dû y avoir une erreur.*

## my

❑ **my** = *mon, ma, mes*

› *Can I show you **my** drawing?*
› *Je peux te montrer mon dessin ?*
› *There's a shop at the end of **my** street.*
› *Il y a un magasin au bout de ma rue.*
› *These are **my** sweets, not yours!*
› *Ce sont mes bonbons, pas les tiens !*

## myself

❑ **myself** = *moi-même*

› *I said I would do the job **myself**.*
› *J'ai dit que je ferais le travail moi-même.*

❑ **myself** correspond au *me* du verbe pronominal.

› *I burnt **myself** while I was cooking.*
› *Je me suis brûlé en faisant la cuisine.*

❑ **by myself** = *tout(e) seul(e)*

› *I'll do the exercise* ***by myself.***

› *Je ferai l'exercice tout seul.*

➞ **voir : herself, himself, itself, ourselves, yourself, yourselves, themselves**

## needn't

❑ **needn't** est un modal. Un modal, c'est un mot qu'on ne peut pas traduire directement, mais qui permet d'exprimer certaines choses en anglais. **needn't** permet de parler de ce qu'on n'est pas obligé de faire, de ce qu'on n'a pas besoin de faire. C'est en quelque sorte le contraire de must.

› *You **needn't** do it now, you can do it later.*

› *Tu n'es pas obligé de le faire maintenant, tu peux le faire plus tard.*

› *You **needn't** shout, I can hear you!*

› *Inutile de crier, je t'entends !*

Comme tous les modaux, **needn't** est toujours suivi d'une base verbale. On dit I needn't wear a jacket. Mais on ne dit pas *I needn't a jacket !

## neither

❑ **neither** signifie « aucun des deux ». Avec **neither,** on parle toujours de deux choses ou de deux personnes.

› *Which one do you want? – **Neither!***

› *Lequel tu veux ? – Aucun des deux ! Ni l'un ni l'autre !*

❑ **neither of...** = *aucun(e) de...*

› ***Neither** of my brothers is married.*

› *Aucun de mes (deux) frères n'est marié.*

❑ **neither... nor** = *ni... ni...*

› ***Neither** my father **nor** my mother smokes.*

› *Ni mon père ni ma mère ne fume.*

➜ **voir : either, both, none**

## **neither** + mot-outil + sujet

❑ La structure **neither** + mot-outil + sujet permet de dire *lui non plus, nous non plus*, etc., en anglais.

› ***I'm** not married, and **neither is** Jake.*
› *Je ne suis pas marié, et Jake non plus.*
› *Ian **has**n't got a car, and **neither have** his neighbours.*
› *Ian n'a pas de voiture, et ses voisins non plus.*

❑ Le choix du mot-outil (be/have/do, modal) se fait en fonction de celui qui est employé dans la première partie de la phrase (en gras dans les exemples).

› *I **don't** smoke, and **neither does** Bob.*
› *Je ne fume pas, et Bob non plus.*
› *Heather **can't** read, and **neither can** Tom.*
› *Heather ne sait pas lire, et Tom non plus.*

→ **voir** : **so** + mot-outil + sujet

## **never**

❑ **never** = *ne... jamais*

› *I've **never** been to Marseille.*
› *Je ne suis jamais allé à Marseille.*

L'ordre sujet + mot-outil + **never** + verbe ne change jamais.

› *Our dog **never** barks.*
› *Notre chien n'aboie jamais.*

› *I will **never** forget you.*
› *Je ne t'oublierai jamais.*

➾ **voir** : ever

## no + nom

❑ no + nom = *pas de…* , *aucun…*

› *There are **no** buses today.*
› *Il n'y a pas de bus aujourd'hui.*

❑ no et not any signifient la même chose.

› *There is **no** cheese in the fridge.*
› *There is**n't any** cheese in the fridge.*
› *Il n'y a pas de fromage dans le frigo.*

❑ Remarquez : no... *(il n'y en a pas)* ; some... *(il y en a).*

› *There are **no** biscuits, but there is **some** cake.*
› *Il n'y a pas de biscuits mais il y a du gâteau.*

Ne confondez pas no et not.

➾ **voir** : not any

## nobody, no one

❑ nobody et no one signifient « personne » (au sens de « aucun individu »).

› *We invited ten people, but **no one** came.*
› *On a invité dix personnes mais personne n'est venu.*

Notez le s à la fin du verbe au présent quand nobody/no one est sujet.

› ***Nobody** knows where David is.*
› *Personne ne sait où se trouve David.*

› ***Nobody*** *has seen him.*

› *Personne ne l'a vu.*

Ne dites pas *nobody know ou *nobody have ! N'oubliez pas le s !

voir : **somebody, someone**

## none (of)

❑ **none of** + nom au pluriel = *aucun de, aucune de*

› ***None of*** *my brothers is married.*

› *Aucun de mes frères n'est marié.*

❑ **none** tout seul = *aucun, aucune*

› *How many pairs of shoes did you buy? –* ***None.***

› *Tu as acheté combien de paires de chaussures ? – Aucune.*

voir : **neither, not... any, some**

## not

❑ **not** = *pas*

› *Who told him? –* ***Not*** *me!*

› *Qui lui a dit ? – Pas moi !*

❑ **not** est un mot qu'on ajoute aux mots-outils (auxiliaires, modaux) et au verbe be pour exprimer la négation (= *ne... pas*).

› *This is* ***not*** *David's jacket.*

› *Ce n'est pas la veste de David.*

› *I have****n't*** *eaten yet.*

› *Je n'ai pas encore mangé.*

Attention à l'ordre des mots.

› *Our dog doesn't bite.*
› *Notre chien ne mord pas.*

Apprenez : sujet + mot-outil + **not** + verbe. Cet ordre ne change pas.

› *I can't see you!*
› *Je ne te vois pas !*

› *Paul won't forget.*
› *Paul n'oubliera pas.*

## not all...

❑ Notez l'emploi de **not all...** suivi d'une proposition affirmative, là où en français *tous/toutes...* est suivi d'une proposition négative.

› ***Not all** English people drink tea.*
› *Tous les Anglais ne boivent pas du thé.*

› ***Not all** of my friends are the same age as me.*
› *Mes amis n'ont pas tous le même âge que moi.*

› ***Not all** birds can fly.*
› *Tous les oiseaux ne volent pas.*

On ne dit pas *all English people don't drink tea..., ni *all birds can't fly.

## not... any

❑ **not any** = *pas de...*

› *I haven't got **any** money.*
› *Je n'ai pas d'argent.*

› *Don't give Sophie **any** sweets!*
› *Ne donne pas de bonbons à Sophie !*

❑ **not any** + nom et **no** + nom signifient la même chose.

› *There are**n't any** buses today.*
› *There are **no** buses today.*
› *Il n'y a pas de bus aujourd'hui.*

Pas de « double négation » ! On ne dit pas *there aren't no buses.

➜ **voir : any, no, none, some**

## not... any more, not... any longer

❑ **not any more** et **not any longer** sont employés pour exprimer ce qui n'est plus le cas, ce qu'on ne fait plus.

**any more** et **any longer** se mettent toujours à la fin de la phrase (on ne dit pas *I'm not any more hungry !)

› *I'm **not** hungry **any more.***
› *Je n'ai plus faim.*

› *I do**n't** go out with Joe **any more.***
› *I do**n't** go out with Joe **any longer.***
› *Je ne sors plus avec Joe.*

› *I used to smoke, but **not any more.***
› *I used to smoke, but **not any longer.***
› *Je fumais avant, mais plus maintenant.*

## nothing, not... anything

❑ **nothing** = *rien*

› ***Nothing** happened.*
› *Il ne s'est rien passé.*

❑ **nothing** et **not... anything** signifient la même chose.

› *I saw **nothing**.*
› *I did**n't** see **anything**.*
› *Je n'ai rien vu.*

Pas de « double négation » ! On ne dit pas *I didn't see nothing.

**voir : anything, something**

## nowhere

❑ **nowhere** = *nulle part*

› *Where did you go last Saturday? – **Nowhere**.*
› *Où es-tu allé samedi dernier ? – Nulle part.*

**voir : anywhere, somewhere**

## **of** (possession)

❑ On emploie généralement **of** (= *de*) quand on parle de quelque chose qui « appartient » à un objet ou un lieu (pas une personne).

› *The surface **of** the table is all scratched.*
› *La surface de la table est toute rayée.*

› *They live in the centre **of** Paris.*
› *Ils habitent dans le centre de Paris.*

❑ Quand vous parlez de quelque chose qui appartient à une personne, employez **'s**. Cette forme s'appelle le génitif.

› *Steven'**s** bike has been stolen.*
› *On a volé le vélo de Steven.*

› *Have you seen Rachel'**s** new hairstyle?*
› *Tu as vu la nouvelle coiffure de Rachel ?*

› *I don't understand your mother'**s** reaction.*
› *Je ne comprends pas la réaction de ta mère.*

❑ **of** peut être suivi des pronoms possessifs mine, yours, his, hers, theirs, ours ou du génitif.

› *Jack is a friend **of mine.***
› *Jack est un ami à moi.*

› *I met a cousin **of his.***
› *J'ai rencontré un cousin à lui.*

On ne dit pas *a friend of me ! Il faut employer le génitif après **of** dans ce cas.

› *This is an old coat of my Mum'**s.***
› *C'est un vieux manteau de ma mère.*

## off

❑ **off** est un mot qui s'emploie toujours en association avec un verbe. Il exprime, entre autres, les idées suivantes :

- le fait d'enlever, d'être enlevé
- le fait d'éteindre, d'être éteint
- le fait de descendre d'un moyen de transport
- le fait de partir, de décoller.

› *I can't get the lid **off** this jar.*
› *Je n'arrive pas à enlever le couvercle de ce pot.*

› *Take **off** your shoes and put on your slippers.*
› *Enlevez vos chaussures et mettez vos chaussons.*

❑ Le mot **off** ne peut pas se traduire tout seul. Apprenez toujours **off** en association avec un verbe (take off, get off, fall off...).

› *Turn the radio **off!** – But it is **off!***
› *Éteins la radio ! – Mais elle est éteinte !*

› *He fell **off** the roof.*
› *Il est tombé du toit.*

› *The children ran **off**.*
› *Les enfants sont partis en courant.*

› *The plane took **off** at three.*
› *L'avion a décollé à trois heures.*

➡ **voir : fiches 11 et 12**

## often

❑ **often** = *souvent,* mais attention à l'ordre des mots !

› *I **often** go rollerblading on Sundays.*
› *Je fais souvent du roller le dimanche.*

Notez bien que **often** précède toujours le verbe (sauf be conjugué). On ne dit pas *I see often my grandparents ou *I go often rollerblading !

› *Hairdressers are **often** closed on Mondays.*
› *Les salons de coiffure sont souvent fermés le lundi.*

› *Mum is **often** late for work.*
› *Maman est souvent en retard au travail.*

**voir : always, sometimes, never**

› *Do you **often** see your grandparents?*
› *Est-ce que tu vois souvent tes grands-parents ?*

**voir : fiche 82**

## on et onto

❑ **on** something = *sur quelque chose*

› *Your keys are **on** the table.*
› *Tes clés sont sur la table.*

› *The cat sat **on** my knee.*
› *Le chat s'est assis sur mes genoux.*

❑ **on** est un mot qui s'emploie en association avec un verbe. Il exprime, entre autres, les idées suivantes :
- le fait d'être ou de se mettre sur quelque chose
- le fait d'allumer, d'être allumé
- le fait de monter sur ou dans quelque chose
- le fait de mettre ou de porter un vêtement.

› *Switch the kettle **on**. – But it is **on**!*
› *Allume la bouilloire. – Mais elle est allumée !*

› *He got **on** the bus.*
› *Il est monté dans le bus.*

› *Put your gloves **on**, it's freezing outside.*
› *Mets tes gants, il fait très froid dehors.*

Notez que **on** ne se traduit pas toujours par *sur.*

› *The cup fell **on** the floor.*
› *La tasse est tombée par terre.*

› *There were some pictures **on** the wall.*
› *Il y avait des tableaux au mur.*

❑ **onto** peut remplacer **on** quand il y a l'idée d'un déplacement.

› *Helen got **on/onto** the horse.*
› *Helen est montée sur le cheval.*

**voir : fiches 12 et 13**

**voir : off**

## on + jour

❑ Utilisez **on** quand vous parlez de ce qui se passe tel ou tel jour de la semaine.

› *I'm leaving **on** Friday.*
› *Je pars vendredi. (= vendredi prochain)*

› *I play tennis **on** Saturdays.*
› *Je joue au tennis le samedi. (= tous les samedis)*

Ne dites pas *on next/last...

› *I'm leaving **next** Friday.*
› *Je pars vendredi prochain.*

› *He left **last** Friday.*
› *Il est parti vendredi dernier.*

## once

❑ **once** = *une fois*

› *I don't know her very well, I've only met her* ***once.***

› *Je ne la connais pas très bien, je ne l'ai rencontrée qu'une fois.*

❑ **once a...** = *une fois par...*

› *We go to the cinema* ***once a*** *week.*

› *Nous allons au cinéma une fois par semaine.*

On dit **once** *(une fois)*, **twice** *(deux fois)*, mais à partir de *trois*, on emploie le mot **times** (three times, ten times, a hundred times...)

› *I've been there* ***once*** *or* ***twice.***

› *J'y suis allé une fois ou deux.*

➜ **voir : twice, time**

## one, ones

**1** **one** est employé pour éviter de répéter a/an + nom. Dans la phrase ci-dessous, **one** = a computer.

› *Audrey wanted a computer, so her parents bought her* ***one.***

› *Audrey voulait un ordinateur, alors ses parents lui en ont acheté un.*

❑ Au pluriel, on emploie **some.** Dans la phrase ci-dessous, **some** = some earrings.

› *Audrey wanted some earrings, so her parents gave her* ***some.***

› *Audrey voulait des boucles d'oreilles, alors ses parents lui en ont donné.*

**2** **one** est employé pour éviter de répéter un nom. Dans la phrase ci-dessous, **the green one** = the green shirt.

› *I didn't like the blue shirt, so I bought the green **one**.*
› *Je n'aimais pas la chemise bleue, alors j'ai acheté la verte.*

On ne dit pas *the green dans ce cas !

❑ Dans la phrase ci-dessous, **the one** = the fish.

› *David caught a big fish, but the **one** that I caught was bigger.*
› *David a attrapé un gros poisson, mais celui que j'ai attrapé était plus gros.*

❑ Au pluriel, on emploie **ones**. Dans la phrase ci-dessous, **the ones** = the tomatoes.

› *These tomatoes are cheaper than the **ones** I saw at the market.*
› *Ces tomates sont moins chères que celles que j'ai vues au marché.*

## only

❑ **only** = *seulement*

› *It's **only** three o'clock.*
› *Il est seulement trois heures.*

❑ **the only** + nom = *le seul, la seule...*

› ***The only** way to visit the island is by boat.*
› *La seule façon de visiter l'île est en bateau.*

❑ **an only child** = *une fille unique* ou *un fils unique*

› *She's **an only child.***
› *Elle est fille unique.*

Un(e) seul(e) = **just one.** On ne dit pas *a only pizza !
› *I ordered **just one** pizza for both of us.*
› *J'ai commandé une seule pizza pour nous deux.*

## ought to

❑ **ought to** + verbe est une expression qu'on emploie quand on pense que quelque chose devrait se passer, que quelqu'un devrait faire quelque chose. **ought to** peut être remplacé par le modal should.

› *I think you **ought to** tell me the truth.*
› *Je pense que tu devrais me dire la vérité.*

› *Kevin **ought to** spend more time revising.*
› *Kevin devrait passer plus de temps à réviser.*

❑ La forme négative est **ought not to,** parfois contractée en **oughtn't to.**

› *It **ought not to** pose too many problems.*
› *Cela ne devrait pas poser trop de problèmes.*

## our

❑ **our** = *notre, nos*

› *A big white cat came into **our** garden.*
› *Un gros chat blanc est venu dans notre jardin.*

N'ajoutez pas de s à **our** : on ne dit pas *ours parents !

› *We ought to tell **our** parents.*
› *On devrait le dire à nos parents.*

## ours

❑ **ours** = *le nôtre, la nôtre, les nôtres*

› *If your car is too small you can use* ***ours.***

› *Si votre voiture est trop petite vous pouvez utiliser la nôtre.*

On ne dit pas *the ours !

› *Their chidren are older than* ***ours.***

› *Leurs enfants sont plus âgés que les nôtres.*

❑ **ours** peut parfois être traduit par *à nous.*

› *That money is* ***ours.***

› *Cet argent est à nous.*

Notez l'emploi de **of ours.**

› *He's a friend* ***of ours.***

› *C'est un ami à nous.*

On ne dit pas *a friend of us !

❑ Quand « c'est à nous » signifie « c'est nous qui devrions le faire », cela se traduit par **it's up to us.**

› ***It's up to us*** *to call them!*

› *C'est à nous de les appeler !*

## ourselves

❑ **ourselves** = *nous-mêmes*

› *We said we would do the job* ***ourselves.***

› *Nous avons dit que nous ferions le travail nous-mêmes.*

❑ **ourselves** correspond au *nous* du verbe pronominal (réfléchi).

› *We looked at **ourselves** in the mirror.*
› *Nous nous sommes regardés dans la glace.*

Ne confondez pas **ourselves** avec each other !

voir : **herself, himself, itself, myself, yourself, yourselves, themselves, each other**

## out

❑ **out** est un mot qui s'emploie toujours en association avec un verbe. Il exprime, entre autres, les idées suivantes :

- le fait de sortir, d'être sorti
- le fait d'éteindre, d'être éteint.

› *I can't **get** the CD **out** of the box.*
› *Je n'arrive pas à sortir le CD de la boîte.*

› ***Take out** the rubbish.*
› *Sors la poubelle.*

› ***Turn** the light **out!***
› *Éteins la lumière !*

voir : **in**

❑ Le mot **out** ne peut généralement pas se traduire tout seul. Apprenez toujours **out** en association avec un verbe (take out, get out, fall out...).

› *Jake fell **out** of his pushchair.*
› *Jake est tombé de sa poussette.*

› *The children ran **out**.*
› *Les enfants sont sortis en courant.*

› *Get **out!***
› *Sors d'ici !*

› *Alex is **out**.*
› *Alex est sorti.*

➜ **voir : phrasal verbs**

## over

❑ **over** peut signifier *au-dessus de.*

› *We live **over** a shop.*
› *Nous habitons au-dessus d'un magasin.*

❑ Avec un chiffre, **over** signifie *plus de.* Il est synonyme de more than.

› *David earns **over** $100, 000 a year.*
› *David gagne plus de 100 000 dollars par an.*

❑ **over** peut signifier « terminé ».

› *We cleaned the flat when the party was **over**.*
› *Nous avons nettoyé l'appartement une fois la fête terminée.*

❑ **over** s'associe avec des verbes et se traduit de diverses façons (fall over = *tomber,* come over = *venir à la maison,* push over = *renverser...*).

› *Careful! That lamp is going to fall **over**.*
› *Attention ! Cette lampe va tomber.*

➜ **voir : fiches 11 et 12**

## own (my own, your own)

❑ **own** indique la possession.

› *Is this your **own** car?*

› *C'est ta voiture à toi ?*

› *The hotel has its **own** pool.*

› *L'hôtel a sa propre piscine.*

❑ **on my/his/her/its/your/our/their own** signifie *seul(e)(s)* et a le même sens que *by myself, by himself,* etc.

› *I hate being **on my own.***

› *Je déteste être seul.*

On ne dit pas *by my own ! On dit **on my own** ou by myself.

› *Are you **on your own?***

› *Tu es seul ?*

## permit, allow, enable et make possible

❑ Le mot **permit** existe en anglais, mais il a des emplois limités. Le mot **allow** est beaucoup plus courant ; n'employez que lui.

› *I won't **allow** you to say that!*
› *Je ne te permettrai pas de dire ça !*

Attention à la structure de l'expression : **allow somebody to** + base verbale

› *Do your parents **allow you to** go out at night?*
› *Tes parents te permettent de sortir le soir ?*

❑ Quand « permettre » signifie « rendre capable », il peut aussi se traduire par **enable**.

› *This money will **enable** me to buy a car.*
› *Cet argent me permettra d'acheter une voiture.*

**enable** n'a jamais le sens de « autoriser » : on ne dit pas *my parents enable me to go out.

❑ Quand vous voulez parler de quelque chose qui permet de faire quelque chose, employez l'expression **make** it **possible** to...

› *This ticket **makes** it **possible** to enter both sections of the park.*
› *Ce billet permet d'entrer dans les deux parties du parc.*

On ne dit pas *it permits to... ni *it allows to... ni *it enables to...

## piece of

❑ a **piece of** something, c'est *un morceau de quelque chose.*

› *Would you like **a piece of** quiche?*

› *Tu veux un morceau de quiche ?*

❑ Le mot **piece** sert à rendre dénombrable certains noms indénombrables. Quand on veut dire *un conseil,* on dit a piece of advice. Quand on veut dire *un meuble,* on dit a piece of furniture.

› *This is a very expensive **piece of** furniture.*

› *C'est un meuble très cher.*

➾ **voir : fiche 60**

## **rather** (would rather)

❑ **would rather** + base verbale (souvent abrégé en I'd rather..., we'd rather..., she'd rather..., etc.) exprime une préférence.

› *No thanks, I'**d rather** walk.*
› *Non merci, je préfère marcher.*

Notez comment on pose une question avec **would rather.**

› ***Would** you **rather** go to the theatre?*
› *Tu aimerais mieux aller au théâtre ?*

❑ La forme négative est **would rather not.**

› *I'**d rather not** go to the pool now.*
› *Je préférerais ne pas aller à la piscine maintenant.*

## **rather, quite** et **fairly**

❑ **rather, quite** et **fairly** signifient tous les trois « assez » (au sens de « un peu »). **quite** et **fairly** sont plus courants et souvent plus naturels que **rather.** Nous vous conseillons de les employer plutôt que **rather.**

› *It was a nice meal, but it was **rather** expensive.*
› *It was a nice meal, but it was **quite** expensive.*
› *It was a nice meal, but it was **fairly** expensive.*
› *C'était un bon repas, mais c'était assez cher.*

## -S (terminaison du nom)

❑ Pour former le pluriel d'un nom en anglais, on ajoute généralement un **s**, comme en français.

› *I love dogs and cats.*
› *J'adore les chiens et les chats.*

❑ Certains noms anglais ont un pluriel irrégulier.

› *Some **children** are afraid of **mice**.*
› *Certains enfants ont peur des souris.*

❑ Dans les noms composés, le premier mot est généralement invariable et ne prend pas de **s** (a shoe shop, a flower garden, vegetable soup, tomato salad, etc.).

› *Jerry works in a **shoe** shop.*
› *Jerry travaille dans un magasin de chaussures.*

› *Would you like some **tomato** salad?*
› *Tu veux de la salade de tomates ?*

L'adjectif en anglais ne s'accorde pas ! N'ajoutez JAMAIS un **s** à un adjectif (dans l'exemple ci-dessous, expensive est l'adjectif).

› *Tania bought some very **expensive** shoes.*
› *Tania a acheté des chaussures très chères.*

## -S (terminaison du verbe)

❑ Il est très important d'ajouter un **s** au verbe au présent quand il est employé avec he, she, it ou avec un nom singulier (the house, my sister, Jake, Mrs Hunter...).

› *I live in Paris and Steve lives in Barcelona.*
› *J'habite à Paris et Steve habite à Barcelone.*

Quand on forme des questions et la forme négative avec do, c'est do qui prend le **s** ; il devient does.

› ***Does** Rachel often come here?*

› *Est-ce que Rachel vient souvent ici ?*

› *Dave **does**n't like fish.*

› *Dave n'aime pas le poisson.*

Quand on forme des questions et la forme négative avec be ou have, le **s** est encore là – dans is et has.

› ***Is** Leo angry? **Has** he left?*

› *Est-ce que Leo est en colère ? Est-ce qu'il est parti ?*

**voir : fiche 2**

## 's (génitif)

❑ **'s** indique la possession, le fait que quelque chose est à quelqu'un, qu'il appartient à quelqu'un.

› *Have you seen Emma**'s** glasses?*

› *Tu as vu les lunettes d'Emma ?*

› *This dog is Martin**'s**.*

› *Ce chien est à Martin.*

❑ Quand on parle de quelque chose qui appartient à plusieurs personnes, on met l'apostrophe après le **s** du pluriel. my cousin**'s** house = *la maison de mon cousin* ; my cousin**s'** house = *la maison de mes cousins.*

› *This is my parent**s'** car.*

› *C'est la voiture de mes parents.*

## 's (contraction)

❑ **'s** est la contraction de is et de has, employée surtout en anglais parlé.

› *Mark **is** here.*
› *Mark**'s** here.*
› *Mark est là.*

has n'est contracté que lorsqu'il est auxiliaire. On dit *Mark has a shower every morning* mais on ne peut pas dire **Mark's a shower* (parce que have est ici un verbe lexical, pas un auxiliaire).

› *Mark **has** bought a car.*
› *Mark**'s** bought a car.*
› *Mark a acheté une voiture.*

## same (the same...)

❑ **the same...** = *le/la même, les mêmes*

› *Zoe and Vicky live in **the same** street.*
› *Zoe et Vicky habitent dans la même rue.*

En français on peut dire *un(e) même...* En anglais on ne peut pas dire *a same... On dit toujours **the same...**

› *In the shopping centre there are 30 shops under **the same** roof.*
› *Dans le centre commercial il y a trente magasins sous un même toit.*

Ne soyez pas tenté d'accorder le mot same ! Au pluriel, on emploie **the same...**, pas *the sames...

› *We're reading **the same** books.*
› *Nous lisons les mêmes livres.*

*en même temps* = **at the same time** (pas *in same time !)

› ***At the same time,*** *it doesn't seem very fair.*
› *En même temps, ça ne semble pas très juste.*

## **see** et **can/could see**

❑ **see** (saw, seen) = *voir* (au sens d'« apercevoir »)

› *Terry* ***saw*** *the plane before me.*
› *Terry a vu l'avion avant moi.*

❑ Quand on décrit ce qu'on voit au moment où l'on parle, on emploie l'expression **can see.**

› *What* ***can*** *you* ***see?***
› *Qu'est-ce que tu vois ?*

› *I* ***can see*** *a house, a car and a lake.*
› *Je vois une maison, une voiture et un lac.*

➡ **voir : can**

❑ Au passé, quand on décrit ce qu'on voyait, on emploie **could see.**

› *What* ***could*** *you* ***see?***
› *Qu'est-ce que tu voyais ?*

› *I* ***could see*** *a house, a car and a lake.*
› *Je voyais une maison, une voiture et un lac.*

➡ **voir : could**

❑ La différence entre **I saw** et **I could see** est la même que celle entre *j'ai vu* et *je voyais :*

• I saw a dog = *j'ai vu un chien* (tout d'un coup, je l'ai aperçu).
• I could see a dog = *je voyais un chien* (je décris une scène : il n'y a plus l'idée du chien qui surgit tout d'un coup).

› *I **couldn't see** anything.*
› *Je ne voyais rien.*

› *I **didn't see** anything.*
› *Je n'ai rien vu.*

➡ voir : **hear, feel, smell**

## shall ou will?

❑ **I/we shall** et **I/we will** ont le même sens, mais **I/we shall** ne sont pratiquement plus employés en anglais courant. Employez **I/we will,** pas **I/we shall.**

› ***I'll** (= **I will**) call you tomorrow.*
› ***I shall** call you tomorrow.*
› *Je t'appellerai demain.*

› ***We'll** (= **we will**) help you if you like.*
› *Nous t'aiderons si tu veux.*

❑ **shall I?** et **shall we?** sont employés quand on veut proposer de faire quelque chose. *will I? et *will we? sont impossibles dans ce cas.

› ***Shall I** put these flowers in a vase?*
› *Je mets ces fleurs dans un vase ?*

☝ Il est incorrect de dire *We start? ou *We go? Il faut employer **shall** pour poser ce genre de question.

› ***Shall** we start?*
› *On commence ?*

› ***Shall** we go?*
› *On y va ?*

❑ **shall I?** et **shall we?** sont aussi employés quand on demande un conseil.

› *How much sugar **shall I** buy?*
› *J'achète combien de sucre ?*

❑ **will I?** et **will we?** sont employés pour demander un renseignement sur ce qui va se passer.

› ***Will I** be on time?*
› *Est-ce que je serai à l'heure ?*
› *What time **will we** arrive?*
› *À quelle heure arriverons-nous ?*

➜ **voir :** will

## she

❑ **she** = *elle* quand on parle d'une personne (femme, fille) ou d'un animal familier femelle.

› *Léa was late because **she** missed the bus.*
› *Léa était en retard parce qu'elle a raté le bus.*

❑ Quand on ne parle pas d'une personne ou d'un animal de compagnie, on emploie **it**.

› *I threw my watch away because **it** was broken.*
› *J'ai jeté ma montre parce qu'elle était cassée.*

N'employez pas **she** pour des objets ou des animaux non familiers !

› ***She** bought a house. **It** was very expensive.*
› *Elle a acheté une maison. Elle était très chère.*

➜ **voir :** it, he

## should

**should** est un modal. Un modal, c'est un mot qu'on ne peut pas traduire directement, mais qui permet d'exprimer certaines choses. **should** a deux fonctions importantes.

**1** **should** permet de parler de ce qu'il faudrait faire, de ce qu'on devrait faire. Il permet aussi de donner et de demander des conseils.

› *You **should** leave now.*
› *Tu devrais partir maintenant.*

› *How many eggs **should** I use?*
› *Je devrais utiliser combien d'œufs ?*

❑ **must** exprime une obligation et est donc plus fort que **should,** qui permet de donner un conseil.

› *Do you think I **should** phone Andrew?*
› *Tu penses que je devrais appeler Andrew ?*

➾ **voir : must**

❑ **shouldn't** (= should not) permet de parler de ce qu'il ne faudrait pas faire, de ce qu'on ne devrait pas faire. Il permet de donner des conseils et d'exprimer des opinions.

› *You **shouldn't** drive so fast.*
› *Tu ne devrais pas rouler si vite.*

› *People **shouldn't** be so impatient.*
› *Les gens ne devraient pas être si impatients.*

**2** **should** permet de parler de ce qui devrait être le cas, de ce qui devrait se passer : il permet de faire des hypothèses.

› *They **should** arrive at nine.*
› *Ils devraient arriver à neuf heures.*

## should have

❑ **should have** + participe passé permet de dire ce que quelqu'un aurait dû faire, ce qui aurait dû être le cas.

› *Olivia **should have** phoned her Mum.*
› *Olivia aurait dû téléphoner à sa mère.*

› *I **should have** known!*
› *J'aurais dû le savoir !*

❑ **should have** + participe passé permet de dire ce que quelqu'un n'aurait pas dû faire, ce qui n'aurait pas dû être le cas.

› *You really **shouldn't have** bought that bag.*
› *Tu n'aurais vraiment pas dû acheter ce sac.*

Rappel : le participe passé d'un verbe régulier, c'est le verbe avec terminaison -ed (phoned, walked, asked...). Vous trouverez le participe passé des verbes irréguliers dans les tableaux de conjugaison (bought, had, sat, said... à la fin de cet ouvrage).

› *I **shouldn't have** come.*
› *Je n'aurais pas dû venir.*

› ***Should** we **have** given her a present?*
› *Est-ce que nous aurions dû lui donner un cadeau ?*

## since + present perfect

❑ **since** = *depuis,* mais attention à ne pas le confondre avec for !

› *I've lived in Paris **since** March.*
› *J'habite à Paris depuis mars.*

❑ **since** s'emploie avec :
• les heures (since three o'clock, since nine thirty)
• les noms des mois (since April, since September...)
• les années (since 1983, since 2001...)
• this et last... (since this morning, since last week, since last year...)
• yesterday (since yesterday)
• then (since then)
• les événements passés que l'on peut dater précisément (since my birthday, since Christmas, since I broke my arm).

› *How long have you known him? – **Since** last year.*
› *Depuis combien de temps tu le connais ? – Depuis l'année dernière.*

› *Sharon has been away **since** Tuesday.*
› *Sharon est absente depuis mardi.*

› *I haven't seen David **since** Easter.*
› *Je n'ai pas vu David depuis Pâques.*

› ***Since** then, I've never eaten oysters.*
› *Depuis ce moment-là, je n'ai plus jamais mangé d'huîtres.*

› *He's been unhappy **since** he moved to London.*
› *Il est malheureux depuis qu'il s'est installé à Londres.*

**since** ne s'emploie pas avec les expressions qui expriment une durée (one week, three months, a year, several hours...). Dans ces cas, *depuis* = for, pas *since.

**voir : for**
**voir : fiche 35**

## so

**so** a plusieurs fonctions.

**1** **so** peut précéder un adjectif ou un adverbe et signifier « tellement, si ».

› *I'm **so** happy you could come.*
› *Je suis tellement heureux que tu aies pu venir.*
› *Je suis si heureux que tu aies pu venir.*

› *Fred is **so** stubborn!*
› *Fred est tellement têtu !*
› *Fred est si têtu !*

**voir** : **such**

**2** **so much** = *tant (de), tellement (de)* suivi d'un nom indénombrable

› *I've got **so much** work to do!*
› *J'ai tant de travail à faire !*
› *J'ai tellement de travail à faire !*

› *I've got **so much** to do!*
› *J'ai tellement de choses à faire !*

› *We laughed **so much!***
› *On a tellement ri !*

**voir** : **much, many**

❑ **so many** = *tant (de), tellement (de)* suivi d'un pluriel

› *He seems to have **so many** friends.*
› *Il semble avoir tellement d'amis.*

**3** **I think so, I suppose so** et **I hope so** servent à confirmer.

› *Was Andrew there? – Yes, **I think so.***
› *Andrew était là ? – Oui, je pense.*
› *Andrew était là ? – Je pense que oui.*

› *Have they left? – I don't **think so.***
› *Ils sont partis ? – Je ne pense pas.*
› *Ils sont partis ? – Je pense que non.*

On ne dit pas *Yes, I think, *I think yes, *I suppose yes, etc.

› *Is dinner ready? – **I hope so!***
› *Le dîner est prêt ? – J'espère que oui !*

› *Does he agree? – **I suppose so.***
› *Il est d'accord ? – Je suppose que oui.*

**4** **so** peut servir à lier deux phrases et signifie « alors, donc, par conséquent ».

› *We arrived at the station early, **so** we had a coffee.*
› *On est arrivé tôt à la gare, alors on a pris un café.*

**5** **so** s'associe avec do/have/be et les modaux pour signifier « aussi ». L'ordre des mots est toujours le même : **so** + mot-outil + sujet.

› *I love ice cream and **so does** Rachel.*
› *J'adore les glaces et Rachel aussi.*

› *I often go to the cinema. – **So do** I.*
› *Je vais souvent au cinéma. – Moi aussi.*

› *I'm hungry. – **So are** we!*
› *J'ai faim. – Nous aussi !*

› *I've seen this film already and **so has** Olivia.*
› *J'ai déjà vu ce film, Olivia aussi.*

› *I can swim. – **So can I.***

› *Je sais nager. – Moi aussi.*

› *I'll help you and **so will** Steve.*

› *Je t'aiderai, Steve aussi.*

Notez comment l'expression avec **so** reprend l'auxiliaire ou le modal de la première phrase dans chaque cas :

- I {do} love ➛ reprise de do ;
- I am ➛ reprise de be ;
- I can swim ➛ reprise de can ;
- I have seen ➛ reprise de have, etc.

➡ **voir : neither** + mot-outil + sujet

## so (that)

❑ **so (that)** = *pour que*

› *I gave Anna some money **so (that)** she could buy some flowers.*

› *J'ai donné de l'argent à Anna pour qu'elle puisse acheter des fleurs.*

## some (comparé à any)

❑ **some,** comme **any,** est souvent employé pour parler d'une quantité indéfinie de quelque chose (comme *du, de la, des* en français).

› *There are **some** people in the garden.*

› *Il y a des gens dans le jardin.*

› *Give me **some** cheese.*

› *Donne-moi du fromage.*

Dans ce sens, any s'emploie dans des questions et à la forme négative (avec not).

› *Have you got **some** sweets in your pocket?*
› *Have you got **any** sweets in your pocket?*
› *Est-ce que tu as des bonbons dans ta poche ?*

❑ Dans les questions, il y a souvent très peu de différence entre any et some, et on peut souvent employer les deux. any/some s'utilisent avec les noms indénombrables tels que help et advice, et les pluriels.

› *Do you need **some** help?*
› *Do you need **any** help?*
› *Tu as besoin d'aide ?*

› *Is there **some** cheese left?*
› *Is there **any** cheese left?*
› *Il reste du fromage ?*

› *Are there **some** yoghurts in the fridge?*
› *Are there **any** yoghurts in the fridge?*
› *Y a-t-il des yaourts dans le frigo ?*

❑ Dans des demandes d'argent, de conseil, etc., on emploie généralement some, pas any.

› *Can you lend me **some** money?*
› *Tu peux me prêter de l'argent ?*

› *Could you give me **some** advice?*
› *Tu pourrais me donner un conseil ?*

❑ Quand on propose de donner quelque chose à quelqu'un, on emploie généralement some, pas any.

› *Would you like **some** bread?*
› *Vous voulez du pain ?*

› *Can I give you **some** wine?*
› *Je peux te donner du vin ?*

On dit **not any**, pas *not some.

› *There is**n't any** cheese in the fridge.*
› *Il n'y a pas de fromage dans le frigo.*
› *I have**n't** got **any** green socks.*
› *Je n'ai pas de chaussettes vertes.*
› *They did**n't** buy **any** furniture.*
› *Ils n'ont pas acheté de meubles.*
› *There were**n't any** problems.*
› *Il n'y a pas eu de problèmes.*

❑ **some** peut aussi avoir le sens de « certains », « un certain nombre de ».

› *He likes **some** sports.*
› *Il aime certains sports.*
› ***Some** people think he's lying.*
› *Certaines personnes pensent qu'il ment.*

## somebody/someone, something

❑ **somebody** et **someone** signifient « quelqu'un ».

› *There's **somebody** at the door.*
› *There's **someone** at the door.*
› *Il y a quelqu'un à la porte.*

❑ Dans les questions (mais uniquement dans les questions), **somebody** et **anybody** sont souvent interchangeables.

- *Did **somebody** phone me?*
- *Did **anybody** phone me?*
- *Est-ce que quelqu'un m'a téléphoné ?*

- *Can **somebody** tell me where the post office is?*
- *Can **anybody** tell me where the post office is?*
- *Est-ce que quelqu'un peut me dire où se trouve la poste ?*

❑ **something** = *quelque chose*

- ***Something** fell off the lorry.*
- *Quelque chose est tombé du camion.*

❑ Dans les questions (mais uniquement dans les questions), **something** et **anything** sont souvent interchangeables.

- *Can I do **something** to help you?*
- *Can I do **anything** to help you?*
- *Je peux faire quelque chose pour vous aider ?*

- *Do you want **something?***
- *Do you want **anything?***
- *Tu veux quelque chose ?*

**voir :** anything

## sometimes

❑ **sometimes** = *quelquefois, parfois.*

- *We **sometimes** go to the park together.*
- *Nous allons parfois au parc ensemble.*

- *Children are **sometimes** very cruel.*
- *Les enfants sont parfois très cruels.*

Like always, sometimes + verb
before verb

En français, le mot *parfois* peut suivre le verbe *(nous allons parfois...)*. Mais le mot **sometimes** précède toujours le verbe (sauf be conjugué).

voir : fiche 82

voir : often, never

## such, such a

- **such** s'emploie seul (sans article) avec un nom indénombrable ou un pluriel : **such** pride *(une telle fierté)*, **such** ideas *(de telles idées)*.

› *I've never known **such** heat!*
› *Je n'ai jamais connu une telle chaleur !*
› *They're **such** idiots...*
› *Ce sont de tels imbéciles...*

- Avec un nom singulier, employez **such a...**

› *He's **such a** clever man.*
› *C'est un homme si intelligent.*
› *It's **such a** nice day, we can go for a picnic.*
› *Il fait si beau, on peut faire un pique-nique.*

voir : so

## than, as, that

❑ **than** (« que ») est utilisé dans les comparaisons pour signaler une différence *(moins... que, plus... que)*. Il est employé après un adjectif ou un adverbe au comparatif.

› *I think James is a bit younger **than** me.*
› *Je pense que James est un peu plus jeune que moi.*

› *It was less expensive **than** last time.*
› *C'était moins cher que la dernière fois.*

❑ **as** (« que ») sert aussi à comparer, mais exprime une similitude, une égalité *(aussi... que, le même... que)*.

› *Ben is almost **as** tall **as** me.*
› *Ben est presque aussi grand que moi.*

› *Prices here are the same **as** in London.*
› *Les prix ici sont les mêmes qu'à Londres.*

Ne confondez pas **than** avec **as**.

❑ **that** établit une relation (« que » est ici un pronom relatif).

› *Is this the cake **that** you made?*
› *C'est le gâteau que tu as fait ?*

Attention à ne pas commettre l'erreur de dire that au lieu de than dans les comparaisons !

➡ **voir : as... as, that** (pronom relatif)

## that (démonstratif) ➡ voir : this

## that (pronom relatif)

❑ **that** = *que/qui*

› *Here are some photos **that** I took on holiday.*
› *Here are some photos **which** I took on holiday.*
› *Voilà des photos que j'ai prises en vacances.*

Notez que **that** a la même fonction que les pronoms relatifs **which** (qui se réfère à des sujets non humains) et **who** (qui se réfère à des sujets humains).

› *There's the boy **that** hit me.*
› *There's the boy **who** hit me.*
› *Voilà le garçon qui m'a frappé.*

**voir : which, who**

**voir : fiche 79**

## the

❑ **the** = *le, la, l', les*

› *Put **the** cheese, **the** water and **the** apples on **the** table.*
› *Mets le fromage, l'eau et les pommes sur la table.*

Quand on parle de quelque chose en général (*le fromage, l'eau, les pommes, les fraises* en général), on n'emploie pas the.

› *I love cheese!*
› *J'adore le fromage !*

❑ Dans la phrase ci-dessous, il ne s'agit pas des fraises en général, mais seulement de celles qu'on a achetées.

› ***The** strawberries we bought are delicious.*
› *Les fraises qu'on a achetées sont délicieuses.*

❑ Ci-dessous, il s'agit des fraises en général, de toutes les fraises.

› *Strawberries are cheap at the moment.*
› *Les fraises sont bon marché en ce moment.*

→ **voir : fiche 61**

## their

❑ **their** = *leur, leurs*

› *The children brought **their** dog.*
› *Les enfants ont amené leur chien.*
› *The children brought **their** dogs.*
› *Les enfants ont amené leurs chiens.*

Ne soyez pas tenté d'ajouter un s à **their** ! *theirs dogs est incorrect !

## theirs

**1** **theirs** = *le leur, la leur, les leurs* (mais pas *leurs* suivi d'un nom !)

› *We showed them our photos and they showed us **theirs**.*
› *Nous leur avons montré nos photos et ils nous ont montré les leurs.*
› *Anne and Phil borrowed our lawnmower because **theirs** is broken.*
› *Anne et Phil ont emprunté notre tondeuse parce que la leur est en panne.*

**2** **theirs** = *à eux/à elles*

› *They said that the house was **theirs**.*
› *Ils ont dit que la maison était à eux.*

❑ Quand « c'est à eux/elles » signifie « c'est eux/elles qui devraient le faire », cela se traduit par **it's up to them.**

› *It's up to them to call us!*
› *C'est à eux de nous appeler !*

## them

❑ **them** = *eux* (complément d'objet)

› *Steve and Kate asked if I wanted to play with **them.***
› *Steve et Kate m'ont demandé si je voulais jouer avec eux.*

❑ **to them** = *leur, à eux*

› *They were at the party, but I didn't speak **to them.***
› *Ils étaient à la fête, mais je ne leur ai pas parlé.*

## themselves

**1** **themselves** = *eux-mêmes, elles-mêmes*

› *They decided to do it **themselves.***
› *Ils ont décidé de le faire eux-mêmes.*
› *Elles ont décidé de le faire elles-mêmes.*

**2** **themselves** correspond au *se* du verbe pronominal quand le sujet est pluriel *(ils, elles, mes frères, les chiens, Alice et Bernard...)*

› *They hurt **themselves.***
› *Ils (ou elles) se sont fait mal.*
› *Tom and Tina were looking at **themselves** in the mirror.*
› *Tom et Tina se regardaient dans la glace.*

→ **voir : herself, himself, itself, myself, ourselves, yourself, yourselves**

## then

- **then** = *puis, ensuite*
  - › *Read page 4, **then** page 23.*
  - › *Lis la page 4, puis la page 23.*
- On peut aussi traduire **then** par *après.*
  - › *I'm going to do the washing up, and **then** I'm going to watch TV.*
  - › *Je vais faire la vaisselle, et après je vais regarder la télé.*

Ne le confondez pas avec after, qui serait impossible ici !

voir : after

## there (pour désigner)

- **there** = *là* (au sens de « là-bas »)
  - › *Don't put your dirty clothes **there!***
  - › *Ne mets pas ton linge sale là !*
  - › *Should I put the flowers here or **there?***
  - › *Je dois mettre les fleurs ici ou là-bas ?*
- **there's / there are...** = *voilà...* (mais regardez aussi l'entrée suivante).
  - › ***There's** Ruth, and **there are** her parents.*
  - › *Voilà Ruth, et voilà ses parents.*

**there** ne signifie jamais « là » au sens de « ici ». Dans ce cas, il faut traduire par here.

- › *Sit **here** next to me.*
- › *Assieds-toi là, à côté de moi.*

## there's

Ne confondez pas there, their et they're : ils se prononcent de la même façon mais ont des sens très différents !

› ***They're** sitting over **there** with **their** parents.*
› *Ils sont assis là-bas avec leurs parents.*

**voir** : here

## there's, there are, there will be...

❑ **there is/there are** = *il y a*

**there is** + singulier ; **there are** + pluriel

› ***There's** a stain on your jacket.*
› *Il y a une tache sur ta veste.*

› ***There are** some cats in the garden.*
› *Il y a des chats dans le jardin.*

› ***There were** a lot of people on the train.*
› *Il y avait beaucoup de monde dans le train.*

Notez qu'à la forme interrogative on inverse **there** et be conjugué.

› ***Are there** any cats in the garden?*
› *Y a-t-il des chats dans le jardin ?*

Notez comment on emploie les modaux (must, will, etc.) avec **there** + be conjugué.

› ***There must be** a solution.*
› *Il doit y avoir une solution.*

› ***There will be** a prize.*
› *Il y aura un prix.*

Notez qu'à la forme interrogative on inverse **there** et le modal (ici, will).

› ***Will there be*** *a prize?*
› *Y aura-t-il un prix ?*

## these → voir : this

## they

❑ **they** = *ils, elles*

› *I told my parents and* ***they*** *were very angry.*
› *Je l'ai dit à mes parents et ils étaient très fâchés.*

› *I phoned Anne and Christine but* ***they*** *were out.*
› *J'ai appelé Anne et Christine mais elles étaient sorties.*

→ **voir** : them

## they're

❑ **they're** = they are

› *Thanks for the flowers,* ***they're*** *very pretty.*
› *Merci pour les fleurs, elles sont très jolies.*

Ne confondez pas there, their et **they're** : ils se prononcent de la même façon mais ont des sens très différents !

## this, that, these, those (sans nom)

❑ **this** désigne quelque chose qui est présent ou proche, ou qui se déroule en ce moment. On dit this is a great film pendant qu'on regarde le film ; on dit that is a great film en désignant l'affiche du film. On dit this is disgusting en mangeant ; that is disgusting en faisant référence à quelque chose de plus éloigné (une image à la télé, par exemple).

› *This is a great film!*
› *C'est un film génial !*

› *Ugh, this is disgusting!*
› *Beurk, c'est dégoûtant !*

› *That's a great film!*
› *C'est un film génial !*

› *That's disgusting!*
› *C'est dégoûtant !*

❑ Pour quelque chose qui vient d'être dit, employez toujours **that**.

› *It's cheap. – Yes, that's true.*
› *Ce n'est pas cher. – Oui, c'est vrai.*

❑ Avec le passé, employez toujours **that**.

› *That was very interesting.*
› *C'était très intéressant.*

## this, that, these, those + nom

❑ **this** et **that** + nom s'emploient pour désigner quelque chose ou quelqu'un et se traduisent tous les deux par « ce/cette ». **this** s'emploie quand ce dont on parle est relativement proche de celui qui parle. **that** s'emploie quand ce dont on parle est plus éloigné.

› *This book is quite interesting.*
› *Ce livre est assez intéressant.*

> *That dog is really noisy.*
> *Ce chien est vraiment bruyant.*

❑ Cette distance peut être spatiale (this book est plus proche de moi que that book).

• Elle peut être temporelle : this election, c'est l'élection qui se déroule maintenant ; that election, c'est une élection plus ancienne.

• Elle peut aussi être affective : **this** a souvent une connotation plus positive que **that**.

❑ **these** et **those** fonctionnent comme **this** et **that,** mais pour le pluriel.

• Le rapport entre **this/these** et **that/those** est le même que celui qui existe entre here (= *ici*) et there (= *là-bas*).

> ***These** books are quite interesting.*
> *Ces livres sont assez intéressants.*

> ***Those** dogs are really noisy.*
> *Ces chiens sont vraiment bruyants.*

## those

voir : this

## though

❑ **though** = *bien que*

> ***Though** it might seem expensive, it's very good quality.*
> *Bien qu'il puisse sembler cher, il est de très bonne qualité.*

❑ **though** et **although** ont le même sens.

› ***Though*** *it is small, this computer has a very large memory.*

› ***Although*** *it is small, this computer has a very large memory.*

› *Bien qu'il soit petit, cet ordinateur a une très grosse mémoire.*

## time, hour, o'clock (temps, heure)

❑ **time** (sans article) = *le temps*

› *He wrote a book about* **time** *and space.*

› *Il a écrit un livre sur le temps et l'espace.*

› *We don't have much* ***time.***

› *Nous n'avons pas beaucoup de temps.*

❑ **the time** = *l'heure*

› *It depends on* ***the time.***

› *Cela dépend de l'heure.*

› *Can you tell me* ***the time?***

› *Vous pouvez me dire l'heure ?*

❑ **what time?** = *(à) quelle heure ?*

› ***What time*** *is it?*

› *Quelle heure est-il ?*

› ***What time*** *will you be there?*

› *À quelle heure y seras-tu ?*

**Attention !** Ne dites pas *at what time?

❑ **hour** = *heure* (= 60 minutes)

› *I spent three* ***hours*** *with Jake.*

› *J'ai passé trois heures avec Jake.*

- Pour dire l'heure « pile », on emploie o'clock.

› *It's three **o'clock.***
› *Il est trois heures.*

## to (déplacement)

- to s'emploie avec les verbes qui indiquent un déplacement, qui expriment l'idée d'aller quelque part.

› *Fred goes **to** school in Oxford.*
› *Fred va à l'école à Oxford.*

› *I'm going **to** Sam's place.*
› *Je vais chez Sam.*

› *Let's cycle **to** York.*
› *Allons à York en vélo.*

› *Dan drives **to** work.*
› *Dan va au travail en voiture.*

On ne dit pas *to home ; home suit directement le verbe de déplacement.

› *I want to go **home** now.*
› *Je veux rentrer (chez moi) maintenant.*

› *We cycled **home.***
› *Nous sommes rentrés à la maison en vélo.*

## to (infinitif) → voir : **fiche 3**

## us

- **us** = *nous* (complément d'objet)

› *We're going to the cinema, do you want to come with **us**?*

› *Nous allons au cinéma, tu veux venir avec nous ?*

voir : we

## used to (be used to, get used to)

- **be used to** = *être habitué à, avoir l'habitude de*

› *The horse was scared because **it wasn't used to** the traffic.*

› *Le cheval avait peur parce qu'il n'était pas habitué à la circulation.*

› ***We're used to** the cold.*

› *Nous sommes habitués au froid.*

› ***I'm used to** it!*

› *J'ai l'habitude !*

› *Je suis habitué !*

- **get used to** = *s'habituer à, prendre l'habitude de*

› *You'll **get used to** it.*

› *Tu t'y habitueras.*

Notez l'emploi de la forme en -ing après be/get used to.

› *You'll **get used to** driv**ing** on the left.*

› *Tu prendras l'habitude de conduire à gauche.*

## used to (I used to, he used to)

❑ **used to** est une expression qu'on emploie pour parler de ce qui était vrai avant ou autrefois, mais plus maintenant.

› *Ben **used to** live in Paris.*
› *Avant, Ben vivait à Paris.*

› *People **used to** think the Earth was flat.*
› *Autrefois, les gens pensaient que la Terre était plate.*

› *I **used to** like mushrooms, but now I hate them.*
› *Avant j'aimais les champignons, mais maintenant je déteste ça.*

❑ Pour poser une question, on emploie **did... use to?**

› *Where **did** your mother **use to** live?*
› *Où est-ce que ta mère habitait, avant ?*

❑ À la forme négative, on emploie **didn't use to.**

› *I **didn't use to** like reggae.*
› *Avant, je n'aimais pas le reggae.*

Quand on précise la durée, **used to** est impossible.

› *He travelled for two years.*
› *Il a voyagé pendant deux ans.*

**used to** ne s'emploie que pour parler du passé : on ne dit pas *I use to !

## we

- **we** = *nous* (sujet)

› ***We** live in New York.*
› *Nous habitons à New York.*

→ **voir : us**

Notez que **we** correspond aussi à *on* (emploi familier = *nous*).

› ***We**'re going to the cinema this evening.*
› *On va au cinéma ce soir.*

## what (emplois non interrogatifs)

- Quand il n'est pas suivi d'un nom, **what** = *ce que, ce qui.*

› ***What** he told me was wrong.*
› *Ce qu'il m'a dit était faux.*

› *Do **what** you like!*
› *Fais ce que tu veux !*

› *Let's watch **what** happens.*
› *Regardons ce qui se passe.*

On ne dit pas *all what (pour « tout ce que/tout ce qui ») mais **everything** (that) !

› *I agree with **everything** you say.*
› *Je suis d'accord avec tout ce que tu dis.*

› *We saw **everything that** happened.*
› *Nous avons vu tout ce qui s'est passé.*

Quand « ce qui... » commente la première partie de la phrase séparée par une virgule, il se traduit par **which**, pas par *what.

› *Dave accepted, **which** was really stupid.*
› *Dave a accepté, ce qui était vraiment stupide.*

❑ **what** + nom (what kind, what colour, what year, what time...) = *quel, quelle, quelles*

› *He told me **what** kind of car he wanted.*
› *Il m'a dit quel genre de voiture il voulait.*

› *I can't decide **what** colour I want.*
› *Je n'arrive pas à décider quelle couleur je veux.*

## what? (dans des questions)

❑ Quand il n'est pas suivi d'un nom, **what?** = *qu'est-ce que ?, qu'est-ce qui ?*

› ***What** is happening?*
› *Qu'est-ce qui se passe ?*

› ***What** are you doing?*
› *Qu'est-ce que tu fais ?*

Notez que les questions commençant par **what** peuvent être traduites de plusieurs façons différentes.

› ***What** do parrots eat?*
› *Que mangent les perroquets ?*
› *Qu'est-ce qu'ils mangent, les perroquets ?*
› *Ils mangent quoi, les perroquets ?*

❑ **what?** + nom (what kind?, what colour?, what year?...) = *quel ?, quels ?, quelle ?, quelles ?*

› ***What** sort of jewellery do you like?*
› *Tu aimes quel genre de bijoux ?*

› ***What** colour is her hair?*
› *De quelle couleur sont ses cheveux ?*

❑ **what is...?** = *quel(le) est... ?*

› ***What is** your address?*
› *Quelle est ton adresse ?*

## what? sujet ou complément

❑ Dans les deux exemples ci-dessous, **what** est sujet (on demande ce qui a fait quelque chose). Quand **what** est sujet, on n'emploie pas l'auxiliaire do dans la question. *What did make...? et *What does run...? sont incorrects.

› ***What** made that hole?*
› *Qu'est-ce qui a fait ce trou ?*

› ***What** runs faster than a horse?*
› *Qu'est-ce qui court plus vite qu'un cheval ?*

❑ Dans les exemples suivants, **what** est complément (on demande ce que quelqu'un a fait). Quand **what** est complément, on forme la question en appliquant la règle habituelle : à la suite de **what,** on inverse do/have/be/modal et le sujet.

› ***What** did you make for dinner?*
› *Qu'est-ce que tu as fait pour le dîner ?*

› ***What** have you written?*
› *Qu'est-ce que tu as écrit ?*

→ **voir : fiche 18**

## what + préposition (what in, what with, etc.)

❑ **what with?** = *avec quoi ?*

› ***What** is she cleaning the bath **with?***
› *Avec quoi elle nettoie la baignoire ?*

❑ **what in?** = *dans quoi ?*

› ***What** shall I put those flowers **in?***
› *Dans quoi je mets ces fleurs ?*

❑ **what on?** = *sur quoi ?*

› ***What** was he sitting **on?***
› *Sur quoi était-il assis ?*

Notez comment, dans toutes ces questions, la préposition est renvoyée à la fin de la phrase.

## what about...?

❑ **what about** + -ing est employé pour lancer une idée, pour proposer une activité. Il peut souvent être traduit par *et si... ?*

› ***What about** going to the cinema?*
› *Si on allait au cinéma ?*

› ***What about** selling the car?*
› *Et si on vendait la voiture ?*

❑ **what about** + nom correspond à l'emploi particulier de *et...* qu'on trouve dans les exemples ci-dessous.

› ***What about** Paul?*
› *Et Paul dans tout ça ?*

› ***What about** the dog?*
› *Et le chien ?*

› ***What about** you?*
› *Et toi ?*

## what... about, what... for voir : about, for

## when

- **when** = *quand, à quel moment*
  - › ***When** do you want me to come?*
  - › *Quand veux-tu que je vienne ?*
  - › ***When** did Laura arrive?*
  - › *Quand est-ce que Laura est arrivée ?*
  - › ***When** will it be finished?*
  - › *Quand est-ce que ce sera terminé ?*
  - › *I don't know **when** it will be finished.*
  - › *Je ne sais pas quand ce sera terminé.*

Quand le mot *quand* signifie « dès que, une fois que », il est suivi du futur en français. Son équivalent anglais **when** est suivi du présent.

- › *Phone me **when** you arrive.*
- › *Appelle-moi quand tu arriveras.*
- › *You'll understand **when** you are older.*
- › *Tu comprendras quand tu seras plus vieux.*

N'employez pas *will dans ce cas.

- › *You can go out **when** the rain stops.*
- › *Tu pourras sortir quand la pluie s'arrêtera.*

## where

- **where** = *où, à quel endroit*
  - › ***Where** does your father live?*
  - › *Où habite ton père ?*
  - › *Tell me **where** you've hidden the money.*
  - › *Dis-moi où tu as caché l'argent.*

## whether

❑ **whether** = *si* (dans le discours indirect)

› *I don't know **whether** he's right.*
› *I don't know **if** he's right.*
› *Je ne sais pas s'il a raison.*

❑ **whether** a le même sens que **if** dans ce contexte.

› *Ask him **whether** it's true.*
› *Ask him **if** it's true.*
› *Demande-lui si c'est vrai.*

Quand *si* introduit une condition, seul **if** est possible en anglais.

› ***If** you agree, say yes.*
› *Si tu es d'accord, dis oui.*

Notez l'expression **whether... or not** *(que... ou non).*

› ***Whether** he likes it **or not**, he's coming with us.*
› *Que ça lui plaise ou non, il vient avec nous.*

## which (relatif)

❑ **which** = *que, qui* (pronoms relatifs) quand on parle d'une chose (pas d'une personne).

❑ Dans l'exemple ci-dessous, **which** est sujet. Il se rapporte à une chose (ici, un panneau), pas à une personne ; **which** et **that** sont équivalents dans ce cas.

› *I saw a sign **which** said « no entry ».*
› *I saw a sign **that** said « no entry ».*
› *J'ai vu un panneau qui disait « défense d'entrer ».*

## which

❑ Dans l'exemple ci-dessous, **which** est complément. Encore une fois, on voit qu'il renvoie à une chose (ici, un livre), et qu'il s'emploie comme **that**.

› *This is the book **which** I was reading.*
› *This is the book **that** I was reading.*
› *Voici le livre que je lisais.*

En anglais courant, **which/that** sont omis lorsqu'ils sont compléments.

› *This is the boat I was talking about.*
› *C'est le bateau dont je parlais.*

**voir : who**
**voir : fiche 79**

## which? (questions)

❑ **which?** + nom = *quel/quelle/quels/quelles ?*

› ***Which** city do you prefer, Rome or London?*
› *Quelle ville tu préfères, Rome ou Londres ?*

› ***Which** way is the quickest?*
› *Quel est le chemin le plus rapide ?*

› ***Which** teacher should I talk to?*
› *À quel prof devrais-je parler ?*

❑ Quand il n'est pas suivi d'un nom, **which?** = *lequel, laquelle, lesquels, lesquelles ?*

› ***Which** is cheaper, the train or the bus?*
› *Lequel est le moins cher, le train ou le bus ?*

❑ **which one?** = *lequel, laquelle ?*

› ***Which one** do you like?*
› *Lequel tu aimes ?*

- which ones? = *lesquels, lesquelles ?*

  › *Which ones did you buy?*
  › *Lesquels tu as achetés ?*

## who (relatif)

- who = *que, qui* (pronoms relatifs) quand on parle d'une personne.

  › *There's the woman **who** gave me the letter.*
  › *C'est la femme qui m'a donné la lettre.*

Dans cette phrase, who est sujet.

- Dans l'exemple ci-dessous, who est complément. En anglais courant, who est omis, mais sous-entendu.

  › *The people **who** I met were very nice.*
  › *The people I met were very nice.*
  › *Les gens que j'ai rencontrés étaient très sympas.*

- Autrefois, le complément « correct » était whom, mais aujourd'hui ce mot a pratiquement disparu en anglais courant.

→ **voir :** which

→ **voir : fiche 79**

## who? (questions)

- who? = *qui ?*

  › ***Who** gave you those flowers?*
  › *Qui t'a donné ces fleurs ?*

  › ***Who** won the race?*
  › *Qui a gagné la course ?*

❑ **who for?** = *pour qui ?*

› ***Who*** *are those flowers* ***for?***
› *Pour qui sont ces fleurs ?*

❑ **who to?** = à qui ?

› ***Who*** *were you talking* ***to?***
› *À qui parlais-tu ?*

❑ **who with?** = avec qui ?

› ***Who*** *was she* ***with?***
› *Avec qui était-elle ?*

Notez comment dans ces questions, la préposition est renvoyée à la fin de la phrase.

## **who?** sujet ou complément

❑ Dans l'exemple ci-dessous, **who** est sujet (on demande qui a fait quelque chose). Quand **who** est sujet, on n'emploie pas l'auxiliaire do dans la question : *Who did see you? est incorrect.

› ***Who*** *saw you?*
› *Qui t'a vu ?*

❑ Dans l'exemple ci-dessous, **who** est complément. Quand **who** est complément, on emploie l'auxiliaire do dans la question (sauf avec be et les modaux).

› ***Who*** *did you see?*
› *Qui est-ce que tu as vu ?*

› ***Who*** *can you trust?*
› *À qui peut-on faire confiance ?*

## **whole** et **all**

- **whole** = *(tout) entier*

  › *Julia ate the **whole** chicken!*
  › *Julia a mangé le poulet tout entier !*
  › *Can you eat a **whole** pizza?*
  › *Peux-tu manger une pizza entière ?*

Notez comment **a whole...** peut se traduire par *tout un(e).*

Ne dites jamais *all a !

  › *The bomb destroyed **a whole** building.*
  › *La bombe a détruit un immeuble tout entier.*
  › *La bombe a détruit tout un immeuble.*

- **the whole of** something = *tout quelque chose* (= son intégralité). **all of** signifie la même chose.

  › *I didn't see **the whole of** the film.*
  › *I didn't see **all of** the film.*
  › *Je n'ai pas vu tout le film.*

- **all (of) the** + nom indénombrable = *tout le..., toute la...*

- **all (of) the** + pluriel = *tous les..., toutes les...*

  › *The dog's eaten **all the** chicken and **all the** sausages!*
  › *The dog's eaten **all of the** chicken and **all of the** sausages!*
  › *Le chien a mangé tout le poulet et toutes les saucisses !*

**voir** : all

## whom ➾ voir : who (relatif)

## whose (possessif) et who's?

❑ **whose?** pose la question *à qui ?* C'est un mot qu'on emploie pour demander à qui appartient quelque chose.

› ***Whose*** *car is that?*
› ***Whose*** *is that car?*
› *À qui est cette voiture ?*

› *Look at those cases.* ***Whose*** *are they?*
› *Regarde ces valises. À qui sont-elles ?*

❑ **who's?** est la contraction de who is...? (premier exemple ci-dessous) ou de who has...? (deuxième exemple).

› ***Who's*** *the woman in the red hat?*
› *Qui est la femme au chapeau rouge ?*

› ***Who's*** *read this book?*
› *Qui a lu ce livre ?*

## whose (relatif) ➾ voir : fiche 81

## will, won't (futur)

❑ Une des fonctions du modal **will** est l'expression du futur. Le temps futur en français *(j'irai, tu seras...)* est le plus souvent traduit par **will** + base verbale (I will go, you will be...)

› *Next week we* ***will*** *be in Rome.*
› *La semaine prochaine nous serons à Rome.*

› *Where **will** you put the couch?*
› *Où mettrez-vous le canapé ?*

› *What time **will** you arrive?*
› *À quelle heure arriverez-vous ?*

❑ Le négatif, will not, est souvent contracté en won't.

› *I'm sure she **won't** be angry.*
› *Je suis sûr qu'elle ne sera pas fâchée.*

Ne confondez pas will do (futur : *je ferai*) et would do (conditionnel : *je ferais*).

› *I'**ll** help you later.*
› *Je t'aiderai plus tard.*

will n'est pas la seule façon d'exprimer le futur en anglais.

→ **voir : fiche 50**

## will, won't

❑ Employé à la première personne (I will, contracté en I'll), will peut exprimer la volonté de celui qui parle. Notez l'emploi du présent en français pour exprimer la même chose.

› *If you like, I'**ll** make some tea.*
› *Si tu veux, je fais du thé.*

› *There's someone at the door. – I'**ll** go!*
› *Il y a quelqu'un à la porte. – J'y vais !*

*I go et *I make seraient incorrects dans les exemples ci-dessus.

- Cette volonté peut prendre la forme d'une promesse...
  - *I'**ll** call you this afternoon.*
  - *Je t'appelle cet après-midi.*

...ou celle d'une menace.

  - *If he tells her I'**ll** kill him!*
  - *S'il le lui dit, je le tue !*

Notez qu'on peut aussi traduire **I will** par *je veux bien...*

  - *OK, I'**ll** do it.*
  - *D'accord, je veux bien le faire.*

- **won't** peut exprimer le refus.
  - *The dog **won't** obey me.*
  - *Le chien ne veut pas m'obéir.*
  - *This stain **won't** come out.*
  - *Cette tache ne veut pas partir.*

## will you...?

- **will you?** peut être employé pour demander si quelqu'un veut bien faire quelque chose.
  - ***Will you** help me, please?*
  - *Tu veux bien m'aider, s'il te plaît ?*

- **would you?** a le même sens, mais est plus poli.
  - ***Will you** drive? I'm tired.*
  - ***Would you** drive? I'm tired.*
  - *Tu veux bien conduire ? Je suis fatigué.*

## with (après what, which, who)

Notez l'ordre des mots dans la question who/what/which... **with?** *(avec qui/quoi/quel... ?)*

- › ***Which** pen should I write **with?***
- › *Avec quel stylo est-ce que je dois écrire ?*
- › ***What** did you clean the bath **with?***
- › *Avec quoi as-tu nettoyé la baignoire ?*
- › **Who** *is she going out **with?***
- › *Avec qui sort-elle ?*

## won't

voir : will

## work

❑ Au sens de « travail », **work** est indénombrable : il ne se met pas au pluriel, et on ne dit pas *a work.

- › *Tell me about your **work.***
- › *Parle-moi de ton travail.*
- › *This is interesting **work.***
- › *C'est un travail intéressant.*
- › *The **work** is finished.*
- › *Le travail est terminé.*
- › *Les travaux sont terminés.*

❑ *un travail (= un métier) =* **a job**

- › *It's a very well-paid **job.***
- › *C'est un travail très bien payé.*

On ne dit pas *a work dans ce cas !

❑ Quand **work** est dénombrable (quand on dit a work ou works), il signifie *œuvre* ou *ouvrage*, pas *travail*.

› *This is* ***a work*** *by Picasso.*
› *C'est une œuvre de Picasso.*

› *I've read several of his* ***works.***
› *J'ai lu plusieurs de ses ouvrages.*

## worse, worst

❑ **worse** est le comparatif de bad. Il signifie « pire, plus mauvais ».

› *It's* ***worse*** *than I thought.*
› *C'est pire que je ne l'imaginais.*

❑ **worst** est le superlatif de bad ; **the worst** signifie « le pire, le plus mauvais ».

› *These are* ***the worst*** *storms we've had for years.*
› *Ce sont les pires orages que nous ayons eus depuis des années.*

## would, wouldn't (conditionnel)

❑ Une des fonctions du modal **would** est d'exprimer le conditionnel présent (en français, *je ferais, il ferait*, etc.).

› *It* ***would*** *be great if it stopped raining.*
› *Ce serait génial s'il arrêtait de pleuvoir.*

❑ **would** est souvent contracté en **'d**.

› *Do you think he'****d*** *come?*
› *Tu penses qu'il viendrait ?*

❑ À la forme négative, **would not** est souvent contracté en **wouldn't**.

› *I **wouldn't** lie to you.*
› *Je ne te mentirais pas.*

## would like to/love to/prefer to

❑ Notez que would like/would love/would prefer sont suivis de l'infinitif avec to, jamais de la forme en -ing. On ne dit pas *I would prefer paying... ni *I would prefer pay !

› *I **would like** to go to Spain.*
› *J'aimerais aller en Espagne.*

› *I **would love** to see you this weekend.*
› *J'aimerais beaucoup te voir ce week-end.*

› *I **would prefer** to pay by cheque.*
› *J'aimerais mieux payer par chèque.*

## wouldn't (refus)

❑ wouldn't peut exprimer le refus dans le passé. Comparez avec won't (➔ **voir : will**).

› *The car **wouldn't** start this morning.*
› *La voiture n'a pas voulu démarrer ce matin.*

› *She **wouldn't** speak to me.*
› *Elle a refusé de me parler.*

## would rather

❑ would rather + base verbale exprime une préférence, ce qu'on aimerait mieux faire.

› *I **would rather** watch the football.*
› *Je préférerais regarder le foot.*
› *J'aimerais mieux regarder le foot.*

## would you

- Pour poser une question : **would** + sujet + **rather.**

› ***Would** she **rather** stay here?*

› *Elle préfère rester ici ?*

› ***Would** your mother **rather** go to Paris?*

› *Est-ce que ta mère préférerait aller à Paris ?*

## would you...?

- **would you?** peut être employé pour demander si quelqu'un veut bien faire quelque chose. C'est plus poli que will you?

› ***Would you** help me, please?*

› *Voulez-vous bien m'aider, s'il vous plaît ?*

› ***Would you** drive? I'm tired.*

› *Tu veux bien conduire ? Je suis fatigué.*

## you

❑ **you** = *tu, vous* (une seule personne que l'on vouvoie ou plusieurs personnes) et *on*

› ***You** look tired.*
› *Tu as l'air fatigué.*
› ***You** really must see this film!*
› *Vous devez vraiment voir ce film !*
› *In France, **you** drive on the right.*
› *En France, on conduit à droite.*

## your

❑ **your** = *ton/ta/tes, votre/vos*

› ***Your** shoelaces are undone.*
› *Tes lacets sont défaits.*
› ***Your** mother is waiting outside.*
› *Votre mère attend dehors.*
› ***Your** dogs are in my garden!*
› *Vos chiens sont dans mon jardin !*

Ne soyez pas tenté d'ajouter un s à **your** ! *yours dogs est incorrect !

## yours

**1** **yours** = *le/la vôtre, le tien/la tienne, les tiens/les tiennes*

› *I'll show you my photos if you show me **yours**.*
› *Je te montre mes photos si tu me montres les tiennes.*

**2** **yours** = *à toi/à vous*

› *Is this bike **yours**?*
› *Est-ce que ce vélo est à toi ?*

❑ Quand *c'est à toi* signifie « c'est toi qui devrais le faire », cela se traduit par **it's up to you.**

› ***It's up to you*** *to call them!*
› *C'est à toi de les appeler !*

## yourself

**1** **yourself** = *toi-même* ou *vous-même* (singulier)

› *I'm sure you said you would do the job* ***yourself.***
› *Je suis sûr que tu as dit que tu ferais le travail toi-même.*
› *Je suis sûr que vous avez dit que vous feriez le travail vous-même.*

**2** **yourself** correspond au *toi* et au *vous* du verbe pronominal.

› *Look at* ***yourself!*** *You're covered in mud!*
› *Regarde-toi ! Tu es couvert de boue !*
› *Regardez-vous ! Vous êtes couvert de boue !*

➜ **voir : herself, himself, itself, myself, ourselves, yourselves, themselves**

**3** **by yourself** = *tout(e) seul(e)*

› *You were sitting* ***by yourself.***
› *Tu étais assis tout seul.*
› *Vous étiez assis tout seul.*

## yourselves

**1** **yourselves** = *vous-mêmes* (pluriel)

› *You said you would do the job* ***yourselves.***
› *Vous avez dit que vous feriez le travail vous-mêmes.*

**2** yourselves correspond au *vous* du verbe pronominal.

› *Look at **yourselves** in the mirror!*
› *Regardez-vous dans la glace !*

**3** by yourselves = *seul(e)s*

› *Never go out at night **by yourselves.***
› *Ne sortez jamais seuls la nuit.*

# la grammaire par l'exemple

## 1. les verbes réguliers et irréguliers

❑ En anglais comme en français, il y a des verbes **réguliers** et des verbes **irréguliers.** Un verbe régulier, c'est un verbe dont la forme change de manière totalement prévisible, selon des règles strictes. En anglais, un verbe régulier, c'est généralement un verbe dont le prétérit et le participe passé se terminent tout simplement en -ed. Le verbe want devient wanted au prétérit (➾ **voir fiche 39**), et son participe passé est également wanted.

❑ Voici quelques verbes réguliers :

| | | | | |
|---|---|---|---|---|
| **base verbale** | walk | live | play | ask |
| **3e pers. du sg** | walks | lives | plays | asks |
| **prétérit** | walked | lived | played | asked |
| **participe passé** | walked | lived | played | asked |

❑ Un verbe irrégulier, c'est un verbe dont la forme peut complètement changer lorsqu'il se conjugue.

• Le verbe go, par exemple, devient went au prétérit, et son participe passé est gone.

• Le verbe be a des formes diverses : be, am, is, are, was, were, been.

❑ Voici quelques verbes irréguliers :

| | | | | |
|---|---|---|---|---|
| **base verbale** | go | have | sing | buy |
| **3e pers. du sg** | goes | has | sings | buys |
| **prétérit** | went | had | sang | bought |
| **participe passé** | gone | had | sung | bought |

Vous trouverez les principaux verbes irréguliers anglais, avec toutes leurs formes, en annexe.

## 2. « s » à la fin du verbe

❑ Il est très important de vous souvenir d'une règle très simple en anglais : au présent simple, quand on emploie la troisième personne du singulier, le verbe ou l'auxiliaire (sauf les modaux : **can, must,** etc.) prend un s.

• Voici quelques exemples : ***he*** *eats,* ***she*** *reads,* ***it*** *smells,* ***the house*** *is beautiful,* ***the dog*** *barks,* ***my sister*** *laughs a lot.*

❑ On voit que le verbe se termine toujours en **s** quand on emploie la troisième personne du singulier au présent.

› *He* ***likes*** *cats.*
› *Il aime les chats.*

› *My sister* ***hates*** *coffee.*
› *Ma sœur déteste le café.*

❑ Aux formes négative et interrogative, le **s** s'ajoute à l'auxiliaire **do** qui sert à construire ces formes ; **do** devient ainsi **does** :

› *He **does**n't like cats.*
› *Il n'aime pas les chats.*

› ***Does** he like cats?*
› *Est-ce qu'il aime les chats ?*

Ne soyez pas tenté d'ajouter deux fois le s de la troisième personne ! *does he likes cats? est incorrect !

❑ Le s se voit aussi à la fin des auxiliaires have et be qui servent à construire les temps composés :

Have devient has :

› *Kevin **has** broken his arm.*
› *Kevin s'est cassé le bras.*

Be devient is :

› *My Dad **is** reading the paper.*
› *Mon père lit le journal*

## 3. comment traduire « verbe + infinitif » en anglais

❑ L'infinitif français ne se traduit pas toujours de la même façon en anglais. Voici trois règles d'or qui vous aideront à éviter les erreurs.

**1** On emploie OBLIGATOIREMENT la base verbale (BV), c'est-à-dire la forme sans to du verbe (par exemple watch, see, wait).

• après les **modaux**

› *I can **see** you.*
› *Je te vois.*

- après **let**
  › *He let me* ***come.***
  › *Il m'a laissé venir.*
- après **make**
  › *He made me* ***stay.***
  › *Il m'a obligé à rester.*

**2** On emploie OBLIGATOIREMENT BV + **-ing** après les verbes suivants (il y en a d'autres, mais voici les plus courants) :

› *avoid do**ing*** (= *éviter de faire*)
› *enjoy do**ing*** (= *aimer faire quelque chose*)
› *finish do**ing*** (= *terminer de faire*)
› *imagine do**ing*** (= *imaginer faire*)
› *mind do**ing*** (exprime l'idée que ça nous ennuie – ou pas, si forme négative – de faire quelque chose)
› *practise do**ing*** (= *s'entraîner à faire*)
› *risk do**ing*** (= *prendre le risque de faire*)
› *suggest do**ing*** (= *proposer de faire*)
› *stop do**ing*** (= *arrêter de faire*)

**Stop** + **to** + base verbale existe, mais avec un sens particulier :

› *He stopped smoking.* › *Il a arrêté de fumer.*
› *He stopped to smoke.* › *Il s'est arrêté pour fumer.*

**3** Avec **begin, start** et **continue,** vous pouvez employer soit **to** + BV, soit **-ing,** sauf après la forme en **be** + **-ing,** toujours suivie de **to** + BV :

- **begin** › *It began raining/It began to rain.*
  › *Il a commencé à pleuvoir.*
- **start** › *She started crying/She started to cry.*
  › *Elle a commencé à pleurer.*
  › *It's starting to snow.*
  › *Il commence à neiger.*
- **continue** › *He continued talking/He continued to talk.*
  › *Il a continué à parler.*
  › *The problem is continuing to evolve.*
  › *Le problème continue d'évoluer.*

❑ Avec les verbes suivants, les deux formes sont possibles mais la forme en BV + **-ing** est plus courante.

- **like** › *I like to shop/I like shopping.*
  › *J'aime faire les courses*
- **love** › *I love to sing/I love singing.*
  › *J'adore chanter.*
- **hate** › *I hate to dance/I hate dancing.*
  › *Je déteste danser.*

☛ Quand **like, love** et **hate** sont employés avec **would** (contracté en **'d**), seule la forme **to** + BV est possible.

› *I'd like to go.*
› *J'aimerais y aller.*

› *I'd love to see you.*
› *J'aimerais beaucoup te voir.*

› *I'd hate to disturb him.*
› *Je n'aimerais vraiment pas le déranger.*

## 4. have, do et be : trois mots à double personnalité

❑ Avant toute chose, apprenez bien les formes de **have**, **do** et **be**.

• **Have**

**au présent** : I / we / you / they **have** - he / she / it **has**

**au prétérit** : I / he / she / it / we / you / they **had**

**participe passé** : **had**

• **Do**

**au présent** : I / we / you / they **do** - he / she / it **does**

**au prétérit** : I / he / she / it / we / you / they **did**

**participe passé** : **done**

• **Be**

**au présent** : I am he/she/it **is** - we / you / they **are**

**au prétérit** : I/he/she/it **was** we / you / they **were**

**participe passé** : **been**

❑ **have**, **do** et **be** ont une double fonction :

• ils peuvent être des verbes « ordinaires », avec des sens bien particuliers (**have** = *avoir*, **do** = *faire*, **be** = *être*). Dans ce cas on les appelle des « verbes lexicaux ».

• ils peuvent être des « outils » qui aident à construire les phrases. Ce sont des auxiliaires, c'est-à-dire des mots qui aident à exprimer certaines choses. Ils n'ont pas de sens tout seuls, mais en se combinant avec d'autres mots, ils donnent un sens particulier à la phrase.

❑ **do** sert à construire les formes interrogative (les questions) et négative (l'équivalent de *ne... pas*).

❑ **have** et **be** permettent de construire certains temps composés (comme *avoir* en français, qui permet de construire le passé composé *j'ai marché, il a bu...*).

❑ Un auxiliaire (A) peut s'associer à n'importe quel verbe (V) :

› *Do(A) you like(V) tea?*
› *Est-ce que tu aimes le thé ?*

› *It has(A) stopped(V) raining.*
› *Il a arrêté de pleuvoir.*

› *I am(A) reading(V).*
› *Je suis en train de lire.*

❑ Les auxiliaires **do** et **have** peuvent s'associer avec les verbes **do** et **have** (tout comme en français l'auxiliaire *avoir* peut s'associer avec le verbe *avoir : j'ai(A) eu(V) peur*).

• Voici quelques exemples :

› *What do(A) you do(V) for a living?*
› *Que faites-vous dans la vie ?*

› *Have(A) you had(V) your dinner?*
› *As-tu dîné ?* (littéralement, *as-tu eu ton dîner ?*)

› *I don't(A) do(V) very much on Saturdays.*
› *Je ne fais pas grand-chose le samedi.*

› *Anne has(A) had(V) an accident.*
› *Anne a eu un accident.*

• Voici des exemples où **do** auxiliaire s'associe avec **have** verbe lexical, et vice versa :

› *Do(A) birds have(V) ears?*
› *Est-ce que les oiseaux ont des oreilles ?*

› *Have(A) you done(V) your homework?*
› *As-tu fait tes devoirs ?*

❑ L'auxiliaire **be** peut s'associer avec le verbe **be** :

• **be** + **being** s'emploie pour décrire l'état ou l'attitude de quelqu'un à un moment donné :

› *Alison is(A) being(V) very patient.*
› *Alison fait preuve d'une grande patience en ce moment.*
› *Now you're(A) being(V) selfish!*
› *Là, tu es égoïste !*

• **be** + **being** s'emploie pour former le passif, afin de parler de quelque chose qui est en train d'être fait, qui est en cours :

› *The car is being repaired.*
› *La voiture est en cours de réparation.*
› *The towers are being built.*
› *Les tours sont en cours de construction.*

## 5. be conjugué : am / is / are / was / were

❑ **am, is, are, was** et **were** sont les formes du verbe **be** (= *être*).

• présent

› *I **am** at home.*
› *He / she / it / William **is** late.*
› *You / we / they / my parents **are** happy.*

• prétérit

› *I / he / she / it / Laurie **was** at home.*
› *You / we / they / my parents **were** happy.*

❑ **be** ne se comporte pas tout à fait comme les autres verbes :

- À la forme négative, il est simplement suivi de **not** :

› *David **is not** French.*
› *David n'est pas français.*

- À la forme interrogative, **be** se met avant le sujet indiqué ici par « S » :

› ***Is** David(S) French?*
› *Est-ce que David est français ?*
› *Il est français, David ?*
› *David est-il français ?*
› *David est français ?*

› *Who **was** that(S) ?*
› *Qui était-ce ?*
› *Qui c'était ?*
› *C'était qui ?*

› ***Am** I(S) late?*
› *Je suis en retard ?*
› *Suis-je en retard ?*
› *Est-ce que je suis en retard ?*

Notez les différentes positions que le sujet peut occuper dans une question posée en français ; il n'y a qu'une seule façon de poser une question en anglais (l'ordre des mots est précis).

## 6. do/does (auxiliaires) - pour « insister »

❑ Le verbe **do** a deux fonctions importantes en anglais :

- D'une part, il peut avoir le sens de « faire » (I do the cooking = *Je fais la cuisine*). Dans ce cas, on dit que c'est un « verbe lexical ».

• D'autre part, il peut être un « outil », un auxiliaire (⊶ **voir fiche 11**).

❑ L'auxiliaire do joue plusieurs rôles dans la construction d'une phrase :
• il permet de poser des questions ;
• il permet de former le négatif ;
• il permet d'insister sur ce qu'on dit.

❑ Cette troisième fonction de do nous permet de mieux comprendre la relation de do avec les autres mots. Dans ce qui suit, le sens des phrases est presque le même, sauf que dans la deuxième phrase on « insiste » sur ce qu'on dit. Notez les différentes traductions possibles de la nuance apportée par do :

› *I **like** pancakes.* › *J'aime les crêpes.*
› *I **do like** pancakes.* › *J'aime beaucoup les crêpes.*

› *David **loves** you.* › *David t'aime.*
› *David **does love** you!* › *David t'aime vraiment !*

› *Anna **walks** fast.* › *Anna marche vite.*
› *Anna **does walk** fast!* › *Décidément, Anna marche vite !*

› *It **snows** a lot here.* › *Il neige beaucoup ici.*
› *It **does snow** a lot here.* › *Il est vrai qu'il neige beaucoup ici.*

› *We **see** what you mean.* › *Nous voyons ce que tu veux dire !*

› *But we **do see** what you mean!* › *Mais si, nous voyons ce que tu veux dire !*

› ***Come** in!* › *Entrez !*
› ***Do come** in!* › *Entrez ! Je vous en prie !*

À chaque fois, **do/does** est suivi de la base verbale (BV) : on dit he does love et non pas *he does loves, it does snow et non pas *it does snows.

**Rappel** : La « base verbale », c'est le verbe tel qu'on le trouve dans le dictionnaire : **love** est la base verbale, alors que **loves, loved** et **loving** sont des formes conjuguées du verbe **love.**

L'auxiliaire **do** peut très bien s'employer avec le verbe lexical **do** ; on applique la même règle (**do/does** + base verbale **do**).

Exemples :

› *You* ***do*** *a lot of cooking.*
› *Tu fais beaucoup de cuisine.*
› *You* ***do do*** *a lot of cooking!*
› *Tu fais vraiment beaucoup de cuisine !*

## 7. do et have (verbes lexicaux) : questions et forme négative

❑ **Do** et **have** peuvent être soit des verbes « ordinaires » (lexicaux), soit des auxiliaires (→ **voir fiche 11**). Savoir faire la différence permet d'éviter beaucoup d'erreurs, notamment quand on pose des questions et quand on emploie la forme négative.

❑ Quand **do** n'est pas un auxiliaire (A) mais un verbe « ordinaire » (V) qui signifie « faire », on emploie l'auxiliaire **do** dans les questions et à la forme négative, au présent simple et au prétérit, comme avec n'importe quel autre verbe :

› *Paul does(V) the cooking.*

› *Paul fait la cuisine.*

- Question :

› *Does(A) Paul do(V) the cooking?*

› *Est-ce que Paul fait la cuisine ?*

*Does Paul the cooking? est incorrect !

- Forme négative :

› *Paul doesn't(A) do(V) the cooking.*

› *Paul ne fait pas la cuisine.*

* Paul doesn't the cooking est incorrect !

❑ **don't** + BV est la forme négative de l'impératif : autrement dit, il permet de dire à quelqu'un de ne pas faire quelque chose. Il s'emploie aussi bien avec **do** verbe lexical qu'avec n'importe quel autre verbe :

› *Don't do that!*

› *Ne fais pas ça !*

❑ Quand **have** n'est pas un auxiliaire (A) mais un verbe « ordinaire » (V) qui signifie « avoir », « prendre », « manger » ou « boire », on doit aussi employer l'auxiliaire **do** dans les questions et à la forme négative, au présent simple et au prétérit :

› *Paul has(V) a bath every night.*

› *Paul prend un bain tous les soirs.*

- Question :

› *Does(A) Paul have(V) a bath every night?*

› *Est-ce que Paul prend un bain tous les soirs ?*

*Has Paul a bath? est incorrect !

• Forme négative :

› *Paul doesn't[(A)] have[(V)] a bath every night.*
› *Paul ne prend pas un bain tous les soirs.*

* Paul hasn't a bath est incorrect !

## 8. have got/has got

❑ En anglais, le verbe qui correspond généralement à *avoir* au sens de « posséder » est **have.**

› *I/you/we/they/* ***have*** *something.*
› *He/she/it* ***has*** *something.*

❑ Très souvent, le verbe **have,** quand il signifie « avoir, posséder », est suivi du mot **got,** surtout en anglais parlé.

› *I/you/we/they/* ***have got*** *something.*
› *He/she/it* ***has got*** *something.*

❑ **Have got** est souvent contracté en **'ve got,** et **has got** en **'s got :**

› *I****'ve got*** *a new bike.*
› *J'ai un nouveau vélo.*

› *You****'ve got*** *sauce on your shirt.*
› *Tu as de la sauce sur ta chemise.*

› *Émilie****'s got*** *three dogs.*
› *Émilie a trois chiens.*

› *It's (= it is) a big house, but it****'s got*** *(= it has got) a small garden.*
› *C'est une grande maison, mais elle a un petit jardin.*

❑ Dans ces exemples, le mot **got** n'a pas de sens particulier. Les paires de phrases suivantes ont exactement le même sens :

› *I have a headache / I've got a headache.*
› *The car has four doors / The car's got four doors.*
› *You have three minutes / You've got three minutes.*

Quand **have** ne signifie pas « avoir, posséder », il n'est jamais suivi de **got** :

› *They **have** lunch at school.*
› *Ils déjeunent au collège.*
› *I **have** a shower every morning.*
› *Je prends une douche tous les matins.*

**voir : have to / have got to.**

**voir : got dans la partie alphabétique.**

## 9. have got/has got : formes négative et interrogative

❑ Regardez la **fiche 08** pour vous rappeler comment fonctionne **have got / has got**. Pour la forme négative, il suffit d'ajouter **not** entre **have / has** et **got** : *have not got ; has not got.*

❑ **Have not got** est généralement contracté en **haven't got. Has not got** est généralement contracté en **hasn't got.**

› *He**'s got** a skateboard, but he **hasn't got** a bike.*
› *Il a un skateboard, mais il n'a pas de vélo.*
› *His parents **haven't got** a car.*
› *Ses parents n'ont pas de voiture.*
› *My computer **hasn't got** a CD burner.*
› *Mon ordinateur n'a pas de graveur de CD.*

Les phrases suivantes ont exactement le même sens :

› *Spiders* ***don't have*** *wings = Spiders* ***haven't got*** *wings.*
› *Les araignées n'ont pas d'ailes.*

› *I* ***don't have*** *a job = I* ***haven't got*** *a job.*
› *Je n'ai pas de travail.*

› *Janet* ***doesn't have*** *any brothers and sisters = Janet* ***hasn't got*** *any brothers and sisters.*
› *Janet n'a ni frères ni sœurs.*

› *I* ***don't have*** *time to make a phone call = I* ***haven't got*** *time to make a phone call.*
› *Je n'ai pas le temps de téléphoner.*

❑ Pour poser une question avec **have got**, on inverse le sujet et **have** :

› ***Has*** *he* ***got*** *a bike?* (***Does*** *he* ***have*** *a bike?* a le même sens).
› *A-t-il un vélo ?*

› ***Have*** *his parents* ***got*** *a car?* (***Do*** *his parents* ***have*** *a car?* a le même sens).
› *Est-ce que ses parents ont une voiture ?*

› ***Has*** *your computer* ***got*** *a CD burner?* (***Does*** *your computer* ***have*** *a CD burner?* a le même sens).
› *Est-ce que ton ordinateur a un graveur de CD ?*

Quand **have** ne signifie pas « posséder », il n'est pas suivi de **got**, et à la forme négative on emploie **do** :

› *They* ***don't have*** *lunch at school.* (seule possibilité)
› *Ils ne déjeunent pas au collège.*

› *I* ***don't have*** *a shower every morning.* (seule possibilité)
› *Je ne prends pas une douche tous les matins.*

❏ Forme interrogative :

› ***Do** they **have** lunch at school?*

› *Est-ce qu'ils déjeunent au collège ?*

› ***Does** he **have** a shower every morning?*

› *Est-ce qu'il prend une douche tous les matins ?*

## 10. les modaux

❏ Un modal est un mot qui joue un rôle particulier dans la phrase anglaise. C'est un outil qui permet d'exprimer certaines choses. Les modaux sont **can, could, may, might, must, shall, should, will, would.**

Pour **ought to,** qui n'est pas un modal mais qui a un rôle similaire, regardez la partie alphabétique.

❏ Pour comprendre le rôle des modaux, il faut éviter de penser que ce sont des mots qui ont un ou plusieurs « sens ». Il est plus utile de considérer que chaque modal a une ou plusieurs fonctions. Par exemple, au lieu de se dire « Que veut dire can ? », il est plus utile de se demander « À quoi sert can ? Qu'est-ce que can nous permet d'exprimer ? ».

❏ En fait, chaque modal a plusieurs fonctions : il faut éviter de penser, par exemple, que « can, c'est pouvoir » ou que « will, c'est le futur ». Ces mots ont bien d'autres emplois, bien d'autres fonctions.

❏ Vous trouverez des informations précises sur les différentes fonctions de chacun des modaux dans la partie alphabétique de cette grammaire. Ici, nous vous montrons ce que tous les modaux ont en commun, c'est-à-dire leur manière de se comporter dans la phrase.

**1** Tous les modaux sont suivis de la base verbale (BV).

Ne faites pas l'erreur d'ajouter **to** après un modal !

› *David **must** leave now.*
› *David doit partir maintenant.*

› *You **can** phone me later.*
› *Tu peux m'appeler plus tard.*

**2** Dans les phrases affirmatives, le modal se met entre le sujet et le verbe :

› *I **will** see you tomorrow.*
› *Je te verrai demain.*

› *Maria **could** see the car from her window.*
› *Maria voyait la voiture de sa fenêtre.*

**3** Dans les phrases négatives, le modal est suivi de **not** :

› *I will **not** see you tomorrow.*
› *Je ne te verrai pas demain.*

› *Maria could **not** see the car from her window.*
› *Maria ne voyait pas la voiture de sa fenêtre.*

❑ Une contraction se fait souvent entre le modal et **not** :

**can** → **can't**
**could** → **couldn't**
**might** → **mightn't**
**must** → **mustn't**
**shall** → **shan't** (Attention, pas *shalln't !)
**should** → **shouldn't**
**will** → **won't** (Attention, pas *willn't !)
**would** → **wouldn't**

La forme **cannot** (en un mot) s'emploie surtout à l'écrit. On ne fait pas la contraction de **may not.**

**4** Dans les questions, l'ordre sujet + modal est simplement inversé.

› ***Will** I see you tomorrow?*
› *Est-ce que je te verrai demain ?*
› ***Could** Maria see the car from her window?*
› *Est-ce que Maria voyait la voiture de sa fenêtre ?*
› ***Might** it rain tomorrow, do you think?*
› *Il est possible qu'il pleuve demain, à ton avis ?*
› ***Would** anyone like some more cake?*
› *Quelqu'un voudrait-il encore du gâteau ?*

## 11. une famille de mots-outils : be/have/do et les modaux

❑ Il est utile de considérer comme une « famille » les auxiliaires **be/have/do** et les modaux **(can, could, may, might, must, shall, should, will, would).** Ils ont des fonctions très différentes, mais ils se comportent tous de la même façon dans la phrase. Ils obéissent aux mêmes règles de construction de la forme négative (ajout de **not**) et interrogative (simple inversion avec le sujet).

❑ Bien maîtriser les points suivants est une des clés de construction correcte de la phrase anglaise.

**1** Dans les phrases affirmatives, l'ordre est sujet (S) + outil (O) + verbe (V)

❑ Les « outils » se mettent entre le sujet et le verbe, même **do,** mais il est généralement « caché » et ne « sort » qu'aux formes interrogative et négative, ou pour insister → **voir fiche 06**. L'ordre est toujours « S-O-V » :

- conjugaison de **have** : présent **have/has** ; prétérit **had**
  › *We(S) have(O) finished(V) our homework.*
  › *Nous avons terminé nos devoirs.*
- conjugaison de **be** : present **am/is/are** ; prétérit **was/were**
  › *Ben(S) is(O) reading(V) a magazine.*
  › *Ben lit une revue.*
- conjugaison de **do** : présent **do/does** ; prétérit **did**
  › *I(S)* (**do**(O) « caché ») *like(V) ice cream.*
  › *J'aime les glaces.*
  › *Dan(S) likes* (= **does**(O) « caché » *like*) *boxing(V).*
  › *Dan aime la boxe.*
  › *Danny(S) walked* (= **did**(O) « caché » *walk(V)*) *to the house.*
  › *Danny a marché jusqu'à la maison.*
- modaux
  › *I(S) will(O) see(V) you tomorrow.*
  › *Je te verrai demain.*
  › *Sam(S) can(O) speak(V) Italian.*
  › *Sam parle italien.*

**2** Dans les phrases négatives, on ajoute **not** entre l'outil et le verbe. L'ordre est « S-O-**not**-V » :

- auxiliaire **have**
  › *We(S) haven't(O + not) finished(V) our work.*
  › *Nous n'avons pas terminé notre travail.*

- auxiliaire **be**

› *Ben(S) isn't(O + not) reading(V) a magazine.*

› *Ben ne lit pas une revue.*

- auxiliaire **do**

› *I(S) don't(O + not) like(V) ice cream.*

› *Je n'aime pas les glaces.*

› *Dan(S) doesn't(O + not) like(V) boxing.*

› *Dan n'aime pas la boxe.*

› *Danny(S) didn't(O + not) walk(V) to the house.*

› *Danny n'est pas allé à la maison à pied.*

- modaux

› *I(S) won't* (= *will(O) not*) *see(V) you tomorrow.*

› *Je ne te verrai pas demain.*

› *Sam(S) can't(O) speak(V) Italian.*

› *Sam ne parle pas italien.*

**3** Dans les questions, l'ordre sujet + outil est simplement inversé :

- auxiliaire **have**

› *Have(O) you(S) finished your work?*

› *Avez-vous terminé votre travail ?*

- auxiliaire **be**

› *Is(O) Ben(S) reading a magazine?*

› *Est-ce que Ben lit une revue ?*

- auxiliaire **do**

› *Do(O) you(S) like ice cream?*

› *Est-ce que tu aimes les glaces ?*

› *Does(O) Dan(S) like boxing?*
› *Est-ce que Dan aime la boxe ?*
› *Did(O) Danny(S) walk to the house?*
› *Est-ce que Danny est allé à pied jusqu'à la maison ?*

- modaux

› *Will(O) I(S) see you tomorrow?*
› *Est-ce que je te verrai demain ?*
› *Can(O) Sam(S) speak Italian?*
› *Est-ce que Sam parle italien ?*

## 12. verbes à particule (« phrasal verbs ») (1)

❑ En anglais, il existe une famille de verbes qui sont constitués de deux (parfois trois) mots. On les appelle souvent les verbes à particule ou phrasal verbs. Regardons d'abord quelques exemples :

› *David **put** his bags **down** near the door.*
› *David a posé ses bagages près de la porte.*

**Put down** est ici un verbe transitif qui signifie *poser quelque chose.*

› *If you don't know what the word means, **look** it **up** in a dictionary.*
› *Si tu ne sais pas ce que signifie le mot, cherche-le dans un dictionnaire.*

**Look up** est ici un verbe transitif qui signifie *chercher quelque chose dans un dictionnaire, une encyclopédie,* etc.

› ***Shut up!** I'm trying to work!*
› *Tais-toi ! J'essaie de travailler !*

**Shut up** est ici un verbe intransitif qui signifie *se taire.*

› *What time do we have to* ***check in?***

› *À quelle heure faut-il enregistrer ses bagages ?*

**Check in** est un verbe intransitif qui signifie ici *enregistrer ses bagages, dans un aéroport.*

❑ Dans ces exemples, on voit clairement que le sens du verbe à particule ne peut pas être deviné en le « décomposant ». Il doit être compris dans sa totalité. Dans le dernier exemple, **check in** est composé du mot **check** *(contrôler)* et **in** (qui exprime normalement un mouvement vers l'intérieur). Mais **check in** signifie ici *enregistrer ses bagages.*

❑ Il est important de comprendre que le verbe à particule peut avoir un sens très différent de celui auquel on pourrait s'attendre en regardant les mots qui le constituent. Voici quelques exemples :

› *give out* peut signifier *distribuer*

› *get down* peut signifier *sortir de table*

› *pull out* peut signifier *abandonner la course*

› *pull over* peut signifier *garer sa voiture sur le côté*

❑ Il y a un très grand nombre de verbes à particule, et beaucoup d'entre eux ont plusieurs sens différents. Par conséquent, ils sont difficiles à maîtriser pour un étranger. Il faut se donner trois objectifs :

• apprendre à les reconnaître en prenant conscience du fait qu'un verbe peut être suivi d'un autre élément qui en détermine le sens ou qui le modifie ;

• constituer progressivement un répertoire de verbes à particule en les apprenant comme des « mots » à part entière ;

• apprendre à les employer correctement (pour leur comportement dans la phrase, regardez les fiches suivantes).

## 13. verbes à particule (2)

❑ Il existe des verbes à particule qui sont intransitifs (= qui s'emploient sans complément d'objet), et d'autres qui sont transitifs (= qui s'emploient avec un complément d'objet). Voici deux exemples de verbes à particule intransitifs :

• **get up** = *se lever*

› *I **got up** early this morning.*
› *Je me suis levé tôt ce matin.*

• **take off** = *décoller* (en parlant d'un avion)

› *We're going to **take off** in five minutes.*
› *On va décoller dans cinq minutes.*

❑ Quand on emploie un verbe à particule transitif, le complément d'objet peut souvent (mais pas toujours) se placer entre le verbe et le deuxième élément :

› *The firemen **put** the fire **out**.*
› *The firemen **put out** the fire.*
› *Les pompiers ont éteint l'incendie.*

❑ Quand le complément d'objet est un pronom **(me, him, her, it, us, you, them),** il doit toujours s'intercaler entre le verbe et le deuxième élément :

› *The firemen **put** it **out**.* (*The firemen put out it est incorrect !)
› *Les pompiers l'ont éteint.*

❑ Voici deux autres exemples :

- **put away** = *ranger*
  - › *Have you **put** your things **away**?*
  - › *Have you **put away** your things?*
  - › *Have you **put** them **away**?*
  - › *As-tu rangé tes affaires ?*
  - › *Les as-tu rangées ?*
- **look up** = *chercher (un mot dans un dictionnaire)*
  - › ***Look** the word **up** in your dictionary.*
  - › ***Look up** the word in your dictionary.*
  - › ***Look** it **up** in your dictionary.*
  - › *Cherche le mot dans ton dictionnaire.*
  - › *Cherche-le dans ton dictionnaire.*

❑ Dans les dictionnaires et les manuels, un verbe à particule qui peut être « séparé » par un complément d'objet est souvent dit **séparable** (généralement abrégé en **sép** dans les dictionnaires).

❑ Quand aucun complément ne peut se mettre entre le verbe et la particule, le verbe est dit **inséparable** (généralement abrégé en **insép** dans les dictionnaires). Dans certains dictionnaires, les verbes à particule inséparables sont signalés par l'abréviation fus, du mot anglais fused qui signifie « fusionné ».

❑ Comparez avec le verbe prépositionnel, qui est toujours associé à un complément d'objet, mais qui ne peut jamais être séparé de sa préposition par le complément (→ **voir fiche suivante**).

## 14. verbes prépositionnels

❑ Dans les fiches précédentes, nous avons découvert les verbes à particule. Il existe une autre catégorie de verbes en anglais qui s'appelle les verbes prépositionnels (ou « verbes à préposition »). Regardons d'abord quelques exemples :

- **look after** = *s'occuper de*
  - › *Who is **looking after** your cats?*
  - › *Who is **looking after** them?*
  - › *Qui s'occupe de tes chats ?*
  - › *Qui s'en occupe ?*
- **pay for** = *payer, régler*
  - › *Have you **paid for** the drinks?*
  - › *Have you **paid for** them?*
  - › *Tu as réglé les consommations ?*
  - › *Les as-tu réglées ?*
- **stand for** = *tolérer*
  - › *I won't **stand for** this behaviour!*
  - › *I won't **stand for** it!*
  - › *Je ne tolérerai pas ce comportement !*
  - › *Je ne le tolérerai pas !*
- **bump into** = *croiser*
  - › *I **bumped into** Jerry at the library.*
  - › *I **bumped into** him at the library.*
  - › *J'ai croisé Jerry à la bibliothèque.*
  - › *Je l'ai croisé à la bibliothèque.*

❑ Comme les verbes à particule, les verbes prépositionnels sont constitués de plusieurs éléments (deux, en général).

❑ Comme les verbes à particule, on peut rarement deviner leur sens à partir des mots qui les constituent.

❑ À la différence des verbes à particule, les verbes prépositionnels sont toujours associés à un complément d'objet.

❑ Ce complément d'objet ne peut jamais se mettre entre le verbe et sa préposition. On ne peut pas dire *I looked the cats after, ni *I bumped Jerry into.

## 15. verbes à double complément

❑ Regardez d'abord cet exemple pour le verbe **give** :

› *I gave a present to my sister.*
› *J'ai donné un cadeau à ma sœur.*

❑ Il y a deux compléments d'objet dans cette phrase (**a present** et **my sister**). La phrase a exactement la même structure qu'en français.

Mais en anglais il existe une autre façon de dire la même chose :

› *I gave my sister a present.*

❑ Cette fois-ci, la structure n'est pas la même qu'en français. La préposition **to** est omise, et l'ordre des compléments n'est pas le même. Comparez :

› *Give the dog a bone.*
› *Donne un os au chien.*

› *Give the dog to Henry.*
› *Give Henry the dog.*
› *Donne le chien à Henry.*

❑ Voici d'autres exemples de « verbes à double complément » :

- **bring**
  - › *I **brought** a newspaper to my father.*
  - › *I **brought** my father a newspaper.*
  - › *J'ai apporté un journal à mon père.*
- **buy**
  - › *George often **buys** presents for his sisters.*
  - › *George often **buys** his sisters presents.*
  - › *George achète souvent des cadeaux pour ses sœurs.*

Ici, c'est la préposition for qui est omise.

- **lend**
  - › *Can you **lend** some money to Alison?*
  - › *Can you **lend** Alison some money?*
  - › *Tu peux prêter de l'argent à Alison ?*

❑ Pour d'autres exemples encore, regardez les mots suivants dans la partie alphabétique : **offer, owe, pass, promise, send, show, take, teach, tell, write.**

Les verbes **explain, recommend, suggest** et **describe** ne sont jamais suivis immédiatement d'un complément personnel **(me, him, her, us, you, them)** :

› *Can you **explain** the situation (to me)?*

› *Tu peux m'expliquer la situation ?*

(On ne dit pas *explain me the situation !)

› *They **recommended** a good restaurant (to us).*

› *Ils nous ont recommandé un bon restaurant.*

(On ne dit pas *They recommended us a good restaurant !)

› *Dave **suggested** an interesting solution (to me).*

› *Dave m'a suggéré une solution intéressante.*

(On ne dit pas *Dave suggested me... !)

› *Can you **describe** the man (to us)?*

› *Pouvez-vous nous décrire cet homme ?*

(On ne dit pas *Can you describe us... !)

Avec ces verbes, 'to me', 'to us', etc., sont le plus souvent omis.

## 16. les questions : comment poser une question en anglais

❑ La structure suivante est à la base de beaucoup de phrases simples en anglais : sujet + « outil » + verbe ...

› *Bob can swim very well.*

› *Bob sait très bien nager*

› *I have eaten enough.*

› *J'ai assez mangé.*

**Rappel** : les « outils » sont les auxiliaires be, do, have et les modaux can, will, must, etc. (➾ **voir fiche 10**).

❑ Pour la forme interrogative (pour poser une question), on inverse l'outil et le verbe :

› *Can Bob swim?*

› *Bob sait-il nager ?*

› *Have you eaten enough?*

› *As-tu assez mangé ?*

❑ On inverse be conjugué et le sujet :

› *Is she happy?*
› *Est-elle heureuse ?*

› *Why are you crying?*
› *Pourquoi pleures-tu ?*

Quand **have** est auxiliaire, on inverse **have** et le sujet pour poser la question :

› *You have finished.* ➛ *Have you finished?*
› *Tu as terminé.* *Est-ce que tu as terminé ?*
› *They've left.* ➛ *Have they left?*
› *Ils sont partis.* *Sont-ils partis ?*

Avec **have/has got,** c'est exactement le même principe :

› *He's got (= he has got) flu.* ➛ *Has he got flu?*
› *Il a la grippe.* *Est-ce qu'il a la grippe ?*
› *They have got a new car.* ➛ *Have they got a new car?*
› *Ils ont une nouvelle voiture.* *Est-ce qu'ils ont une nouvelle voiture ?*

❑ Mais quand **have** est un verbe lexical, on emploie **do/does** pour poser la question :

› *They have three dogs.* ➛ *How many dogs do they have?*
› *Ils ont trois chiens.* *Combien de chiens ont-ils ?*

## 17. les questions : rôle de do

**Rappel** : pour poser une question en anglais on inverse l'auxiliaire ou le modal **(be, have, do, will, could...)** et le sujet **(he, it, my father, the car...)**.

› *My parents have arrived.* ➛ *Have my parents arrived?*
› *It will be too late.* ➛ *Will it be too late?*

❑ Mais que faire quand il n'y a ni auxiliaire ni modal dans la phrase ? En réalité, on peut imaginer que le verbe anglais est toujours accompagné d'un auxiliaire ou d'un modal, et que si on ne le voit pas, il doit simplement se « cacher ». Et on peut imaginer que devant tous les verbes anglais, l'auxiliaire **do/does** peut se « cacher ».

**go** = **do/does** « caché » + **go**
**eat** = **do/does** « caché » + **eat**

❑ Généralement, l'auxiliaire **do/does** n'apparaît pas parce qu'on n'a pas besoin de lui. Mais quand on pose une question, **do/does** réapparaît :

› *They* (**do** « caché ») *go to the cinema every Saturday.*
› *Ils vont au cinéma tous les samedis.*

❑ Pour poser une question, on inverse l'auxiliaire (ici, **do** caché) et le sujet (ici, **they**).

➛ ***Do they*** *go to the cinema every Saturday?*
› *Est-ce qu'ils vont au cinéma tous les samedis ?*
› *Vont-ils au cinéma tous les samedis ?*

› *Rabbits (do)* ***eat*** *carrots.*
› *Les lapins mangent des carottes.*

➛ ***Do*** *rabbits* ***eat*** *carrots?*
› *Les lapins mangent-ils des carottes ?*
› *Est-ce que les lapins mangent des carottes ?*

❑ À la troisième personne du singulier, **do** devient **does.** **Does** se cache aussi derrière le verbe, mais il se cache moins bien : on en voit la fin – le **s.**

› *John* ***likes*** (= ***does*** + ***like***) *watching TV.*
› *John aime regarder la télé.*

❑ Pour poser une question, on inverse comme d'habitude l'auxiliaire (ici, **does** « caché ») et le sujet (ici, **John**).

➛ ***Does** John like watching TV?*
› *Est-ce que John aime regarder la télé ?*

• Autres exemples :

› *Martin **knows*** (= ***does*** caché + ***know***) *the truth.*
› *Martin sait la vérité.*

➛ ***Does** Martin know the truth?*
› *Est-ce que Martin sait la vérité ?*

› *The train **arrives*** (= ***does*** caché + ***arrive***) *at 3 pm.*
› *Le train arrive à 15 h.*

➛ *When **does** the train arrive?*
› *À quelle heure arrive le train ?*

› *My friend **works*** (= ***does*** caché + ***work***) *in Paris.*
› *Mon ami travaille à Paris.*

➛ *Where **does** your friend work?*
› *Où est-ce que ton ami travaille ?*

❑ Au prétérit, **do/does** devient **did** :

› *The train **arrived*** (= ***did*** caché + ***arrive***) *at 3 pm.*
› *Le train est arrivé à 15 h.*

➛ *When **did** the train arrive?*
› *À quelle heure le train est-il arrivé ?*

› *My friend **worked*** (= ***did*** caché + ***work***) *in Paris.*
› *Mon ami travaillait à Paris.*

➛ *Where **did** your friend work?*
› *Où est-ce que ton ami travaillait ?*

❑ Avec les verbes irréguliers, **did** se cache encore mieux !

› *Martin* ***knew*** *(=* ***did*** caché + ***know****) the truth*

› *Martin savait la vérité.*

→ ***Did*** *Martin know the truth?*

› *Martin savait-il la vérité ?*

## 18. les questions : « mots interrogatifs »

❑ En anglais il y a une famille de mots qui commencent par les lettres wh- (sauf **how**). Ce sont les mots interrogatifs : **who, what, why, where, when, which** + nom et **how.**

❑ Quand une question commence par un de ces mots, l'ordre de la phrase est : **wh-** + « outil » (auxiliaire/modal) + sujet + verbe

| **wh-** | **« outil » (auxiliaire / modal)** | **sujet** | **verbe** |
|---|---|---|---|
| *What* | *are* | *you* | *doing?* |
| *When* | *do* | *they* | *arrive?* |
| *How* | *can* | *people* | *believe that?* |
| *Who* | *does* | *Tom* | *live with?* |
| *Which key* | *did* | *they* | *use?* |

❑ Quand **who?, what?** ou **which?** + nom constituent le sujet de la phrase, on n'emploie pas **do** pour former les questions. Comparez :

› *Who did you see?* (**you** est sujet ici)

› *Qui as-tu vu ?*

› *Who saw you?* (**who** est sujet ici)

› *Qui t'a vu ?*

› *What did you do?* (**you** est sujet ici)
› *Qu'as-tu fait ?*

› *What happened?* (**what** est sujet ici)
› *Que s'est-il passé ?*

› *Which book do you prefer?* (**you** est sujet ici)
› *Quel livre préfères-tu ?*

› *Which book belongs to you?* (**which book** est sujet ici)
› *Quel livre est à toi ?*

## 19. les questions : remarque importante

❑ En français, il existe au moins trois façons de poser la même question :

› *Ton frère fume-t-il ?*
› *Est-ce que ton frère fume ?*
› *Il fume, ton frère ?*

› *Est-ce que les autruches peuvent voler ?*
› *Les autruches peuvent-elles voler ?*
› *Elles peuvent voler, les autruches ?*
› *As-tu froid ?*
› *Tu as froid ?*
› *Est-ce que tu as froid ?*

› *Ils ont oublié ?*
› *Ont-ils oublié ?*
› *Est-ce qu'ils ont oublié ?*

❑ En anglais, c'est beaucoup plus simple. Les questions se posent toujours de la même façon, avec l'outil, le sujet et le verbe ou l'adjectif dans le même ordre. Quand vous devez traduire une question en anglais, ne vous préoccupez pas de la manière dont la question est posée en français, ni de l'ordre des mots en français. Il suffit de se dire « c'est une question », et de se rappeler comment on pose une question en anglais :

| outil | sujet | verbe/adjectif |
|---|---|---|
| *Does* | *your brother* | *smoke?* |
| *Can* | *ostriches* | *fly?* |
| *Are* | *you* | *cold?* |
| *Have* | *they* | *forgotten?* |

❑ Pour poser une question avec le verbe lexical **be,** on inverse **be** et le sujet :

› *Is Paul cold?*

› *Are spiders insects?*

## 20. la négation : comment dire « ne...pas... » en anglais

❑ La structure suivante est à la base de beaucoup de phrases simples en anglais :

sujet + « outil » + verbe

› *Bob can swim very well.*
› *Bob sait très bien nager.*

› *I have eaten enough.*
› *J'ai assez mangé.*

**Rappel** : les « outils » sont les auxiliaires **be, do, have** et les modaux **can, will, must,** etc.

❑ Pour mettre une telle phrase à la forme négative (là où

en français on emploierait *ne... pas...*), on met simplement **not** entre l'outil et le verbe :

› *Bob **can't** (= can + not) swim very well.*
› *Bob ne sait pas très bien nager.*

› *I **haven't** (= have + not) eaten enough.*
› *Je n'ai pas assez mangé.*

L'outil et **not** sont très souvent contractés (**can** + **not** = **can't** ; **have** + **not** = **haven't...**)

❑ On met **not** après **be** conjugué :

› *We **are** very happy.*
› *Nous sommes très heureux.*

› *We **aren't** very happy.*
› *Nous ne sommes pas très heureux.*

❑ Quand l'outil est **do** (généralement « caché » à la forme affirmative), à la forme négative on emploie **do/does/did** + **not** + base verbale :

› *Harry **likes** football.*
› *Harry aime le football.*

› *Harry **doesn't like** football.*
› *Harry n'aime pas le football.*

## 21. la négation : rôle de do

❑ Dans la fiche précédente, on a vu que la négation s'exprime en anglais en mettant **not** entre l'outil et le verbe :

› *Bob can't swim very well.*
› *Bob ne sait pas très bien nager.*

> *I haven't eaten enough.*
> *Je n'ai pas assez mangé.*

❑ Quand l'outil est **do**, à la forme négative on emploie **do/does/did** + **not** + base verbale :

> *Harry **likes** (= **does** « caché » + **like**) football.*
> *Harry aime le football.*

> *Harry **doesn't like** football.*
> *Harry n'aime pas le football.*

❑ En réalité, on peut imaginer que le verbe anglais est toujours accompagné d'un auxiliaire ou d'un modal, qui peut être « caché ». Et on peut imaginer que devant tous les verbes anglais, l'auxiliaire **do** peut se « cacher ».

**go** = **do** « caché » + **go**
**eat** = **do** « caché » + **eat**
**do** (verbe lexical) = **do** « caché » + **do**

❑ Généralement, l'auxiliaire **do** n'apparaît pas parce qu'on n'a pas besoin de lui. Mais à la forme négative, **do** réapparaît :

> *They (**do** « caché ») **go** to the cinema every Saturday.*
> *Ils vont au cinéma tous les samedis.*

Pour dire le contraire, **do** réapparaît et on ajoute **not** après **do** :

> *They **don't go** to the cinema every Saturday.*
> *Ils ne vont pas au cinéma tous les samedis.*

> *Rabbits (**do** « caché ») **eat** carrots.*
> *Les lapins mangent des carottes.*

› *Rabbits* ***don't eat*** *meat.*

› *Les lapins ne mangent pas de viande.*

❑ À la troisième personne du singulier, au présent, **do** devient **does** ; **does** se cache aussi derrière le verbe, mais il se cache moins bien : on voit le **s**.

› *John like**s** (=* ***does*** *+* ***like****) watching TV.*

› *John aime regarder la télé.*

❑ À la forme négative, on ajoute **not**, comme d'habitude, et **do** (ici sous la forme **does**) réapparaît :

› *John* ***doesn't like*** *watching TV.*

› *John n'aime pas regarder la télé.*

❑ Au prétérit, on ajoute **not** à **did** :

› *John* ***didn't like*** *watching TV.*

› *John n'aimait pas regarder la télé.*

› *We* ***didn't*** *do the washing-up last night.*

› *Nous n'avons pas fait la vaisselle hier soir.*

## 22. La forme interro-négative

❑ L'interro-négation, c'est le fait d'employer une forme négative dans une question. Elle prend généralement la forme suivante : outil + **not** (contracté en **n't**) + sujet + verbe.

**Rappel** : les « outils » sont les auxiliaires **be, have, do** et les modaux **can, could, will, might, must, should.**

› *Why didn't you phone me?*

› *Pourquoi ne m'as-tu pas téléphoné ?*

› *Can't you see I'm busy?*
› *Tu ne vois pas que je suis occupé ?*

❑ Avec **be** conjugué, l'ordre est : **be** + **not** (contracté) + sujet

› *Aren't they hungry?*
› *Ils n'ont pas faim ?*

› *Isn't it too expensive?*
› *Ce n'est pas trop cher ?*

❑ En français, la forme négative est souvent employée sous forme de question pour formuler une demande :

› *Tu ne veux pas m'emmener à la gare ?*
*(= emmène-moi à la gare s'il te plaît)*

› *Vous ne voulez pas une glace ?*
*(= ça vous dirait, une glace ?)*

❑ En anglais, l'interro-négation n'a jamais cette fonction.

› *Don't you want to take me to the station?*
› *Tu ne veux pas m'emmener à la gare ?*

(= tu ne sembles pas le vouloir, et je trouve ça choquant)

› *Don't you want an ice cream?*
› *Vous ne voulez pas de glace ?*

(= vous ne semblez pas en vouloir, et je trouve ça surprenant)

## 23. la forme en -ing (sens général)

La forme en **-ing** (**making, singing, going, being, understanding...**) a plusieurs rôles importants en anglais.

❑ La forme en **-ing** désigne souvent « le fait de faire quelque chose », « l'activité de... ». Elle est souvent utilisée comme titre de chapitre dans des livres pratiques, ou sur des panneaux de signalisation (surtout sous forme d'interdiction). Dans ces cas, l'équivalent de la forme en **-ing** en français est souvent l'infinitif. Voici quelques exemples :

- Activités :

  › *My hobbies: **reading, going** out with friends, ...*

  › *Mes loisirs : lire, sortir avec des amis, ...*

  › ***Smoking** causes serious diseases.*

  › *Fumer provoque des maladies graves.*

- Titres :

  › *Chapter One: **Using** a microwave*

  › *Chapitre 1 : se servir d'un four à micro-ondes*

  › *Part three: **Asking** for advice in English*

  › *Troisième partie : demander des conseils en anglais*

- Panneaux :

  › *NO **PARKING***

  › *Interdiction de stationner*

  › *NO **SMOKING***

  › *Défense de fumer*

❑ Quand l'activité en question est une activité très courante (un sport par exemple), la traduction française est souvent un nom :

› ***Skiing** is my favourite sport.*

› *Le ski est mon sport préféré.*

› *I'm useless at **cooking**.*

› *Je suis nul en cuisine.*

➡ **Pour be + -ing, voir fiches 28-31.**

## 24. la forme en -ing (verbe + verbe en -ing)

❑ Quand deux verbes se suivent, le deuxième verbe est à l'infinitif en français :

› *Évitez de tomber.*
› *J'envisage de l'acheter.*
› *Elle déteste se lever de bonne heure.*

❑ En anglais, après certains verbes, la forme en **-ing** est obligatoire. Dans ces cas, il faut résister à la tentation d'employer la base verbale avec *to*. Voici des exemples courants :

• **avoid** › *Avoid* ***talking*** *to the driver.*
(et non *avoid to talk).
› *Évitez de parler au chauffeur.*

• **enjoy** › *I enjoyed* ***seeing*** *you.*
(et non *enjoyed to see).
› *Cela m'a fait plaisir de te voir.*

• **consider** › *I'm considering* ***leaving*** *Paris.*
(et non *considering to leave).
› *J'envisage de quitter Paris.*

• **be worth** › *It's not worth* ***going*** *now.*
(et non *not worth to go).
› *Ça ne vaut pas la peine d'y aller maintenant.*

• **finish** › *They finished* ***painting*** *the gate.*
(et non *finished to paint).
› *Ils ont terminé de peindre le portail.*

• **prevent** › *They prevented him from* ***seeing*** *his daughter.*
(et non *prevented him to see).
› *Ils l'ont empêché de voir sa fille.*

- **imagine** › *I can't imagine* ***living*** *there.*
  (et non *imagine to live).
  › *Je ne me vois pas y habiter.*

❑ Avec les verbes de perception **feel, hear, listen to, see, watch,** la forme en **-ing** est employée pour désigner la perception d'une action en cours :

› *I watched him* ***playing*** *football.*
› *Je l'ai regardé jouer au foot.*

› *We saw some planes* ***taking off.***
› *On a vu décoller des avions.*

› *I heard the phone* ***ringing.***
› *J'ai entendu le téléphone sonner.*

❑ Les verbes **begin, start** et **continue** peuvent être suivis soit de la forme en **-ing,** soit de **to** + base verbale, sauf quand ils sont eux-mêmes à la forme en **-ing** :

› *It started* ***snowing.*** */ It started* ***to snow.***
› *Il a commencé à neiger.*

› *They continued* ***talking.*** */ They continued* ***to talk.***
› *Ils ont continué à parler.*

**MAIS**

› *It's starting* ***to snow.***
(jamais *It's starting snowing).
› *Il commence à neiger.*

› *I'm beginning* ***to understand.***
(jamais *I'm beginning understanding).
› *Je commence à comprendre.*

❑ Les verbes **hate** *(détester),* **like** *(bien aimer)* et **love** *(aimer,* *adorer)* sont généralement suivis par la forme en **-ing** :

› *I love **painting**.*
› *J'adore peindre.*

› *Harry hates **playing** rugby.*
› *Harry déteste jouer au rugby.*

› *Do you like **telling** stories?*
› *Tu aimes bien raconter des histoires ?*

**Would like/love/hate** est suivi de **to** + base verbale, jamais de **-ing** :

› *I'd like **to see** you* (et non *I'd like seeing you).
› *J'aimerais te voir.*

❑ Le verbe **stop** a un sens différent selon qu'il est suivi de **to** + verbe ou de **-ing** :

› *We stopped **to talk**.*
› *Nous nous sommes arrêtés pour parler.*

› *We stopped **talking**.*
› *Nous avons arrêté de parler.*

## 25. le présent simple : introduction

❑ Comparez :

› *On ne peut pas sortir parce qu'il pleut.*
› *Il pleut souvent en Irlande.*

❑ Dans le premier exemple, on ne peut pas sortir parce qu'il pleut en ce moment, au moment où on parle. Dans le deuxième exemple, on parle de ce qui se passe habituellement : il ne pleut pas nécessairement en ce moment en Irlande, mais on dit qu'il y pleut souvent.

❑ On voit qu'en français le présent *(il pleut)* peut être employé pour parler de ce qu'on observe au moment où on parle, et aussi pour exprimer une vérité plus générale qui n'est pas liée à un moment particulier.

❑ En anglais, il existe deux formes différentes pour exprimer ces deux choses :

• Pour parler de ce qui se passe au moment où on parle, on utilise généralement la forme **be** + **-ing** (→ **voir fiches 28-31**).

• Pour parler de vérités générales ou de ce qui arrive habituellement, on emploie généralement le présent simple.

› *It often rains in Ireland* (présent simple – ça se passe régulièrement).

› *Il pleut souvent en Irlande* (mais pas obligatoirement au moment où j'en parle).

› *We can't go out because it's raining* (**be** + **-ing** – ça se passe au moment où je le dis).

› *On ne peut pas sortir parce qu'il pleut* (maintenant).

❑ Le présent simple, c'est « simple » : sujet + base verbale SAUF à la troisième personne, où on ajoute un **s** :

› *I/you/we/they* ***walk*** (c'est la base verbale)

› *he/she/it/my mother walk****s*** (base verbale + **s**)

## 26. le présent simple : négatif avec don't / doesn't

❑ En anglais, pour mettre une phrase au présent simple à la forme négative, on emploie **do/does** + **not** + base verbale :

• À toutes les personnes sauf la troisième personne du singulier, on emploie **do not** : I/you/we/they **do not** + base verbale

• À la troisième personne du singulier, on emploie **does not** : he/she/it/Paul **does not** + base verbale

❑ **do not** est souvent contracté en **don't**, et **does not** est souvent contracté en **doesn't** :

› *I **work** here.* ➛ *I **do not** work here.*
*I **don't** work here.*

› *Je travaille ici. Je ne travaille pas ici.*

› *Jane **likes** fish.* ➛ *Jane **does not** like fish.*
*Jane **doesn't** like fish.*

› *Jane aime le poisson. Jane n'aime pas le poisson.*

**Attention aux points suivants :**

• À la troisième personne du singulier (= avec **he, she, it** ou un nom), employez **doesn't** :

› *Mrs Taylor sometimes drinks wine, but she **doesn't** smoke.* (*...she don't smoke est incorrect !)

› *Mme Taylor boit parfois du vin, mais elle ne fume pas.*

› *Our dog **doesn't** like cats.* (*Our dog don't like cats est incorrect !)

› *Notre chien n'aime pas les chats.*

• **do/does not** sont suivis de la base verbale :

› *She smokes.* ➛ *She doesn't **smoke**.*
(*She doesn't smokes est incorrect !)

› *Elle fume.* ➛ *Elle ne fume pas.*

› *Dan has a car.* ➛ *Dan doesn't **have** a car.*
(*...doesn't has... est incorrect !)
› *Dan a une voiture.* ➛ *Dan n'a pas de voiture.*

• **do/does not** peuvent être employés avec le verbe lexical **do** (= *faire*) :

› *I **do** the cooking.* ➛ *I **don't do** the cooking.*
(*I don't the cooking est incorrect !)
› *Je fais la cuisine.* ➛ *Je ne fais pas la cuisine.*

› *He **does** Spanish.* ➛ *He **doesn't do** Spanish.*
(*He doesn't Spanish est incorrect !)
› *Il fait de l'espagnol.* ➛ *Il ne fait pas d'espagnol.*

• Les mots **never** (= *jamais*), **nobody/no one** (= *personne*) et **nothing** (= *rien*) ne sont pas suivis de **do/does not**, car ces mots expriment déjà la négation :

› *We **never** go to the theatre.*
› *Nous n'allons jamais au théâtre.*

› ***Nobody** speaks Spanish in my family.*
› ***No one** speaks Spanish in my family.*
› *Personne ne parle espagnol dans ma famille.*

› ***Nothing** happens when I push this button.*
› *Il ne se passe rien quand j'appuie sur ce bouton.*

## 27. le présent simple : poser des questions

❑ En anglais, pour mettre une phrase au présent simple à la forme interrogative (pour poser une question), on emploie **do/does** suivi du sujet et de la base verbale :

**do** I / you / we / they / John and Susan... + base verbale ?

**does** he / she / it / John / the house + base verbale ?

❑ Apprenez à bien employer **do** et **does** :

› ***Do** you **work** on Saturdays? – No, I only work during the week.*

› *Est-ce que tu travailles le samedi ? – Non, je travaille seulement pendant la semaine.*

› *What **does** this word **mean?** – It means "small".*

› *Que signifie ce mot ? – Il signifie "petit".*

› ***Does** it **rain** a lot in this region? – Yes, it rains all the time!*

› *Est-ce qu'il pleut beaucoup dans cette région ? – Oui, il pleut tout le temps !*

**Attention aux points suivants :**

• À la troisième personne du singulier, employez **does** :

› ***Does** Marie live near you?*

› *Est-ce que Marie habite près de chez toi ?*

› *Where **does** this train stop?*

› *Où est-ce que ce train s'arrête ?*

("Marie", "this train" = troisième personne du singulier)

• **do/does** sont employés avec la base verbale dans les questions :

› *I know he likes coffee, but **does** he **like** tea?*
(*Does he likes est incorrect !)

› *Je sais qu'il aime le café, mais est-ce qu'il aime le thé ?*

• L'auxiliaire **do/does** peut être employé avec le verbe lexical **do** (= *faire*) :

› ***Do** you **do** judo?*

› *Est-ce que tu fais du judo ?*

› *What **do** Jane and Guy **do** in the evening?*

› *Que font Jane et Guy le soir ?*

## 28. le présent en be + -ing : introduction

❑ La grammaire anglaise fait une différence très nette entre ce qui se passe régulièrement et ce qui se passe en ce moment : « What happens regularly... and what is happening now ».

❑ La fiche 25 vous explique l'emploi du présent simple *(I go, Paul walks)* pour parler de choses qui se passent régulièrement.

❑ La forme **be** + **-ing** *(I am going, Paul is walking)* s'emploie quand on observe quelque chose qui se déroule au moment où on parle. C'est un peu comme si on disait « en ce moment... » au début de la phrase :

› *Je lis tout le temps.* → *I read all the time.*

› (en ce moment) *Je lis des poèmes.* → *I'm reading some poems.*

❑ Il est très important de faire la différence entre le présent simple et le présent en **be** + **-ing**. Le sens est totalement différent dans les deux cas :

- présent simple
  › *What do you do?*
  › *Qu'est-ce que tu fais (dans la vie), quelle est ta profession ?*
- présent en **be** + **-ing.**
  › *What are you doing?*
  › *Qu'est-ce que tu fais ? (là, au moment où je te pose la question)*

Avec certains verbes, on n'emploie pas **be** + **-ing.** → **voir fiche 31**

be + -ing est également employé pour parler du futur et de ce qui est prévu (➡ **voir fiche 52**).
Pour be + always + -ing, ➡ **voir fiche 29.**
Pour be + -ing employé avec when/every time, ➡ **voir fiche 29.**

## 29. le présent en be + -ing (actions en cours)

❑ Nous l'avons vu dans les fiches précédentes, la forme be + -ing *(I am working, Paul is reading)* s'emploie généralement quand on observe quelque chose qui se déroule au moment où on parle.

Mais si c'est le cas, que fait-on des phrases suivantes, toutes deux correctes ?

› *Every time I see Alison, she**'s smiling.***
› *Every time I see Alison, she **smiles.***

❑ Ici, l'expression every time indique l'habitude. Alors quel est le rôle de la forme en -ing dans le premier exemple ? La réponse est simple. Ici, la forme en -ing est employée pour parler d'une action en cours :

› *Every time I see Alison, she**'s smiling.***
› *Chaque fois que je vois Alison, elle est en train de sourire.* (Elle sourit déjà avant que je n'arrive. Quand je la vois, j'observe un sourire déjà en cours !)
› *Every time I see Alison, she **smiles.***
› *Chaque fois que je vois Alison, elle sourit.* (Avant mon arrivée, elle ne sourit pas. Mais dès mon arrivée, elle se met à sourire !)

❑ Encore une fois, on voit que la forme en -ing s'emploie pour parler de quelque chose qui est en cours à un moment donné. Le présent simple, lui, s'emploie pour parler de quelque chose qui se produit habituellement.

• Voici d'autres exemples :

› *When I wake up in the morning, the birds **are** always **singing.***

› *Quand je me réveille le matin, les oiseaux sont toujours en train de chanter.*
(Les oiseaux ne se mettent pas à chanter quand je me réveille !)

› *When he has a shower, David always **sings.***

› *Quand il prend sa douche, David chante toujours.*
(Il se met à chanter quand il se met sous la douche !)

› *Every time I phone you, you**'re listening** to the radio.*

› *Chaque fois que je t'appelle, tu es en train d'écouter la radio.*
(action en cours quand j'appelle)

› *Every time I phone you, you **say** you're busy.*

› *Chaque fois que je t'appelle, tu dis que tu es occupé.*
(action qui se produit quand j'appelle)

❑ Quand il est associé au mot **always, be** + **-ing** peut avoir une nuance affective (généralement un sentiment d'agacement ou de reproche) :

› *Andrew**'s** always **telling** stupid jokes.*

› *Andrew est toujours en train de raconter des blagues stupides.*

› *Andrew n'arrête pas de raconter des blagues stupides.*

› *You**'re** always **yawning!***

› *Tu es toujours en train de bâiller !*

› *Tu n'arrêtes pas de bâiller !*

## 30. le présent en be + -ing (activités de longue durée)

❑ **be + -ing** a une nuance particulière quand il est employé avec des verbes qui parlent d'activités de longue durée comme **live** *(vivre, habiter)*, **work** *(travailler)*, et **teach** *(enseigner)*.

❑ Avec ces verbes, l'emploi de **be + -ing** laisse penser que la situation dont on parle peut changer, qu'elle est peut-être temporaire. C'est comme si on disait à chaque fois « en ce moment... ».

*Kate works here* et *Kate is working here* se traduisent par *Kate travaille ici,* mais la deuxième phrase donne l'impression que Kate travaille ici en ce moment, de manière temporaire, qu'elle va certainement partir un jour.

*Marc is living in Paris* laisse penser que Marc vit à Paris en ce moment, mais qu'il va sans doute déménager un jour.

*Mr Peterson is teaching English* laisse supposer que M. Peterson enseigne l'anglais en ce moment, mais qu'il va peut-être enseigner une autre matière à l'avenir... ou changer de métier.

☝ On emploie presque toujours **be + -ing** avec le verbe **learn** au présent : on dit *He's learning English* et jamais **He learns English.*

## 31. le présent en be + -ing : restrictions d'emploi

❑ N'employez pas **be + -ing** avec les verbes suivants :

- **have** au sens de « avoir, posséder »

› *Sarah **has (got)** a really nice boyfriend.*
› *Sarah a un copain très sympa.*

- **hate, like, love** quand on exprime ses goûts personnels

› *I **hate** spaghetti, but I **like** rice and I **love** mashed potatoes.*
› *Je déteste les spaghettis, mais j'aime bien le riz et j'adore la purée.*

- **need, prefer, want**

› *I **need** some help.*
› *J'ai besoin d'aide.*

› *Do you **prefer** fresh or frozen peas?*
› *Tu préfères les petits pois frais ou congelés ?*

› *Alison **wants** a new bike.*
› *Alison veut un nouveau vélo.*

- **believe, know, understand**

› *I **believe** you.*
› *Je te crois.*

› *I **know** the answer!*
› *Je connais la réponse !*

› *Yes, I **understand.***
› *Oui, je comprends.*

- **see** (= *voir, apercevoir*), **hear** (= *entendre*), **feel** (= *sentir avec la peau*), **taste** (= *sentir avec la langue*), **smell** (= *sentir avec le nez* ou *sentir bon/mauvais*)

› *I can **see** you!*
› *Je te vois !*

› *Can you **taste** the garlic?*
› *Tu sens l'ail ?*

› *It **smells** bad!*
› *Ça sent mauvais !*

• **look like, seem**

› *That jacket **looks like** mine!*
› *Ce blouson ressemble au mien !*

› *That **seems** unlikely!*
› *Cela semble improbable !*

• Avec le verbe **be**, la forme **be + -ing** s'emploie dans deux cas bien particuliers :

- au passif (➜ **voir fiches 46-49**) :

› *The car **is being** cleaned.*
› *La voiture est en train d'être nettoyée.*
› *On nettoie la voiture.*

› *We'**re being** filmed!*
› *On nous filme !*

- suivi d'un adjectif, pour parler du comportement actuel de quelqu'un :

› *Now you'**re being** stupid!*
› *Là, tu dis des bêtises !*

› *They'**re being** very patient.*
› *Ils font preuve de beaucoup de patience.*

❑ En dehors de ces deux cas, **am/is/are/was/were being** n'est pas employé :

› *It **was** cold when we arrived in London.*
› *Il faisait froid quand on est arrivé à Londres.*
(*It was being cold est incorrect.)

## 32. comment décrire une scène en anglais : rôle de be

❑ Pour décrire une scène en anglais (par exemple, en regardant une image, en regardant autour de soi, ou en regardant par la fenêtre), le verbe **be** a un rôle fondamental.

- **be** peut jouer le même rôle que *être* en français :

› *It's a picture of a castle.*
› *C'est une image qui représente un château.*

- **there is/ there are** correspondent à *il y a* :

› ***There is** a flag on the roof.*
› *Il y a un drapeau sur le toit.*

› ***There are** guards in front.*
› *Il y a des gardes devant.*

- **be + -ing** nous permet de dire ce qui se passe dans la scène qu'on regarde :

› *It **is** rain**ing**.*
› *Il pleut.*
› *The king **is** arriv**ing**.*
› *Le roi arrive.*
› *The gate **is** open**ing**.*
› *Le portail s'ouvre.*

Le présent simple (→ **voir fiche 25**) n'est pratiquement jamais employé pour décrire une scène qu'on est en train d'observer.

**Exceptions** : le verbe **be,** le verbe **have** quand il signifie « avoir, posséder », et les verbes **look** *(sembler, avoir l'air)* et **seem** *(sembler)* :

› *The castle **has** four towers. Each tower **has** eight windows.*
› *Le château a quatre tours. Chaque tour a huit fenêtres.*

› *The king **looks** very young. He **seems** very happy.*
› *Le roi a l'air très jeune. Il semble très heureux.*

## 33. le present perfect : le présent lié au passé

❑ Le present perfect (auxiliaire **have** + participe passé) n'a pas d'équivalent exact en français. Il ressemble au passé composé, mais c'est un piège car il n'a pas les mêmes fonctions. Le present perfect nous permet de lier le passé et le présent, et de parler des répercussions du passé dans le présent.

• Quand on dit *J'ai perdu ma bague hier,* la perte de la bague est située clairement dans le passé : le mot *hier* souligne ce fait. En anglais, pour parler du passé, on emploie le prétérit : *I lost my ring yesterday.*

• Mais quand on dit *Oh non ! J'ai perdu ma bague !* il y a un rapport évident avec le présent : vous vous rendez compte maintenant qu'elle est perdue. En anglais, il faut employer le present perfect dans ce cas : *Oh no! I've lost my ring!*

❑ Même si l'événement n'est pas très récent, le present perfect s'impose dès lors que vous parlez d'un état présent, dès qu'il s'agit d'un constat :

› *I'm sad because **I've lost** my ring.*
› *Je suis triste parce que j'ai perdu ma bague.*

› *We can't go to the island because the boat **has left.***
› *On ne peut pas aller sur l'île parce que le bateau est parti.*

› *The cat's **eaten** all the chicken!*

› *Le chat a mangé tout le poulet !*

› *I've **finished** my work.*

› *J'ai terminé mon travail.*

## 34. le present perfect : parler de son expérience de la vie

❑ Comparez :

› *J'ai entendu cette chanson pour la première fois quand j'avais seize ans.*

› *J'ai déjà entendu plusieurs versions de cette chanson.*

Dans ces deux phrases, on emploie la même forme – le passé composé – du verbe *entendre.* Mais le sens de ce *j'ai entendu* n'est pas tout à fait le même dans les deux cas.

• Dans la première phrase, vous vous souvenez de quelque chose de précis qui est arrivé à un moment donné dans le passé. Vous n'avez plus seize ans, c'est le passé.

• Dans la deuxième phrase, vous ne parlez pas d'un moment précis dans le passé, mais de votre expérience en général. L'accent est mis sur le fait que vous avez entendu la chanson, et non pas sur le moment où vous l'avez entendue.

• Dans la première phrase, vous auriez pu remplacer *j'ai entendu* par le passé simple *j'entendis.* Dans la deuxième, le passé simple est impossible parce que tout en vous rappelant vos souvenirs, vous ne les situez pas de manière précise dans le passé. Vous parlez, en quelque sorte, de votre expérience de la vie, mais sans entrer dans le détail.

• Cette différence est très importante en anglais parce qu'elle nous conduit à employer deux formes différentes du verbe. Pour parler du passé, on emploie le prétérit. Pour parler de « l'expérience sans entrer dans le détail », on emploie le present perfect.

› *I **heard** that song for the first time when I was sixteen.*
› *J'ai entendu cette chanson pour la première fois quand j'avais seize ans.*

› *I **have** already **heard** several versions of that song.*
› *J'ai déjà entendu plusieurs versions de cette chanson.*

Dès que vous introduisez un mot ou une expression qui situe les choses de façon précise dans le passé, vous devez toujours employer le prétérit et jamais le present perfect.

Exemples de mots et expressions qui marquent le passé (« marqueurs temporels ») : **yesterday, last year, when I was younger, last night, in the 1990s, first of all, earlier today...**

## 35. le present perfect : « c'est comme ça depuis un moment »

❑ Comparez :
› *Je suis à Paris en ce moment.*
› *Je suis à Paris depuis trois jours/depuis lundi.*

Dans ces deux exemples, on emploie la même forme – le présent simple – du verbe *être*. Mais le sens de ce « je suis » n'est pas tout à fait le même dans les deux cas.

• Dans la première phrase, vous donnez simplement une information sur le lieu où vous vous trouvez actuellement.

• Dans la deuxième phrase, vous parlez non seulement du fait que vous vous trouvez quelque part actuellement, mais du fait que vous y êtes depuis un certain temps.

Vous exprimez, d'une certaine façon, un lien avec le passé (puisque vous évoquez le temps écoulé entre le moment de votre arrivée à Paris et aujourd'hui).

• Cette différence est très importante en anglais parce qu'elle nous conduit à employer deux formes différentes du verbe. Pour parler du présent sans précision de durée antérieure, on emploie le présent simple (comme en français) : *I am in Paris.*

• Mais dès que vous introduisez un lien avec le passé en précisant un laps de temps, vous devez employer le present perfect en anglais : *I have been in Paris for/since...*

› *I **am** in Paris at the moment.*
› *Je suis à Paris en ce moment.*

› *I **have been** in Paris for three days/since Monday.*
› *Je suis à Paris depuis trois jours/depuis lundi.*

• Autres exemples :

› *I **have lived** in France since 1990.*
› *J'habite en France depuis 1990.*
(*I live in France since 1990 est incorrect !)

› *Jenny **has known** George since she was three.*
› *Jenny connaît George depuis qu'elle a trois ans.*
(*Jenny knows George since she was three est incorrect !)

› *We **have been** friends for many years.*
› *Nous sommes amis depuis de nombreuses années.*
(*We are friends for many years est incorrect !)

› *I **have known** your father for a long time.*
› *Je connais ton père depuis longtemps.*
(*I know your father for a long time est incorrect !)

**Souvenez-vous** : présent français + *depuis* = present perfect + since ou for ! Mais attention : cela ne signifie pas qu'on doit employer le present perfect à chaque fois qu'il y a le mot *for* dans un énoncé !

## 36. le present perfect : « jusqu'à présent »

❑ Comparez :

› *Hier, je suis allé chez le coiffeur.*

› *Je suis allé chez le coiffeur trois fois cette année.*

Dans ces deux phrases, on emploie la même forme – le passé composé – du verbe *aller.* Mais le sens de ce *je suis allé* n'est pas tout à fait le même dans les deux cas.

• Dans la première phrase, vous vous souvenez de quelque chose de précis qui est arrivé à un moment donné dans le passé. Le mot *hier* est un marqueur temporel qui signale clairement le passé.

• Dans la deuxième phrase, vous dites combien de fois quelque chose est arrivé jusqu'à présent. L'expression *cette année* vous situe dans le présent, parce que l'année n'est pas terminée.

• Dans la première phrase, vous auriez pu remplacer *je suis allé* par le passé simple *j'allai.* Dans la deuxième, le passé simple est impossible parce que vous êtes en train de dire ce qui est vrai « à présent ».

• La deuxième phrase parle du présent, mais en évoquant des choses qui sont arrivées dans le passé.

• Cette différence est très importante en anglais parce qu'elle nous conduit à employer deux formes différentes du verbe. Pour parler du passé, on emploie le prétérit.

Pour parler du présent en évoquant le passé, on emploie le present perfect.

› *Yesterday, I **went** to the hairdresser's.*
› *Hier, je suis allé chez le coiffeur.*
(= complètement achevé [hier] : c'est le passé)

› *I've **been** to the hairdresser's three times this year.*
› *Je suis allé chez le coiffeur trois fois cette année.*
(= jusqu'à présent, ça fait trois fois, cependant l'année n'est pas terminée)

MAIS

› *I **went** to the hairdresser's three times last year.*
› *Je suis allé chez le coiffeur trois fois l'année dernière.*
(l'année dernière, c'est fini, c'est le passé)

## 37. le present perfect : trucs et astuces

Voici quelques indications qui peuvent vous aider à faire moins d'erreurs avec le present perfect.

**1** Le present perfect ressemble au passé composé français (*j'ai mangé/I have eaten*), mais c'est un piège ! Il ne fonctionne pas toujours de la même façon. Évitez à tout prix de traduire systématiquement le passé composé par le present perfect.

**2** Le present perfect – comme son nom l'indique – parle du présent.

❑ Dès qu'il y a un mot dans la phrase qui indique le passé (comme "yesterday", "last week", "in 1990"), vous devez utiliser le prétérit (sauf avec **since** + marqueur temporel : *since yesterday, since last week...*).

**3** présent + *depuis* = present perfect + **for** ou **since** :

› *I've **been** here **since** yesterday.*
› *Je suis là depuis hier.*

› *He'**s worked** here **for** three months.*
› *Il travaille ici depuis trois mois.*

**4** Pour l'emploi de **already, before, just, yet, ever** et **never** avec le present perfect, regardez ces mots dans la partie alphabétique de ce livre.

## 38. le present perfect en be + -ing

Le present perfect établit un lien entre le présent et le passé (voir les fiches précédentes).

Le present perfect en **be** + **-ing** a deux emplois importants.

**1** Il permet de parler d'une activité qui est terminée mais dont on perçoit encore les traces ; ce sont ces « traces » qui constituent le lien présent/passé :

› *You've **been** smok**ing**, haven't you?*
› *Tu as fumé, non ?*

(Je sens la fumée ; j'en déduis que tu étais en train de fumer à l'instant)

› *Who's **been** us**ing** my computer?*
› *Qui a utilisé mon ordinateur ?*

(Je vois qu'il est mal éteint ; j'en déduis que quelqu'un s'en est servi tout récemment)

› *Look! It's **been** snow**ing!***
› *Regardez ! Il a neigé !*

(C'est tout blanc dehors ; j'en déduis qu'il a neigé)

› *She looks as if she's **been** cry**ing**.*
› *On dirait qu'elle a pleuré.*

(Elle a les yeux tout rouges ; j'en déduis qu'elle a pleuré tout récemment)

Notez que dans ce cas on emploie le passé composé en français. C'est un des rares cas où le passé composé et le present perfect sont équivalents !

**2** Associé à un marqueur de durée comme **for, since, a long time, all day...**, ou avec la question **how long...?**, le present perfect en **be** + **-ing** permet de parler de la durée (jusqu'au moment présent) d'une activité qui est toujours en cours :

› *He's **been** sitt**ing** there since this morning.*
› *Il est assis là depuis ce matin.*

› *It's **been** snow**ing** for three hours.*
› *Cela fait trois heures qu'il neige.*
› *Il neige depuis trois heures.*

› *I've **been** try**ing** to reach you all week!*
› *J'essaie de te joindre depuis le début de la semaine !*

› *How long have you **been** wait**ing?***
› *Tu attends depuis combien de temps ?*
› *Il y a combien de temps que tu attends ?*
› *Ça fait combien de temps que tu attends ?*

Notez que dans ce cas on emploie le présent en français. Notez aussi les différentes façons de dire la même chose en français.

❑ Le present perfect simple met l'accent sur le résultat d'une action qui est accomplie ; le present perfect en **be** + **-ing** met l'accent sur l'activité elle-même (encore en cours ou toute récente).

Cette nuance est difficile à rendre en français :

› *I've **cleaned** my room.*

› *J'ai nettoyé ma chambre.*

(Résultat : c'est fini ; la chambre est propre)

› *I've **been** clean**ing** my room.*

› *J'ai nettoyé ma chambre.*

(Activité : j'ai fait du rangement, mais ce n'est pas nécessairement terminé ; l'activité est soit encore en cours, soit toute récente)

› *Martin **has written** a letter.*

› *Martin a écrit une lettre.*

(Résultat : c'est fini ; la lettre est prête à être envoyée)

› *Martin has **been** writ**ing** a letter.*

› *Martin a écrit une lettre.*

(Activité : la lettre n'est pas nécessairement terminée ; peut-être Martin fait-il une pause avant de s'y remettre...)

❑ La forme en **-ing** n'est pas compatible avec certains verbes (➜ **voir fiche 31**). Ne l'employez pas avec le verbe *know,* par exemple :

› *I**'ve known** Josh for eight years.*

› *Je connais Josh depuis huit ans.*

(*I've been knowing est impossible !)

## 39. le prétérit simple

❑ Le prétérit s'emploie pour parler du passé. Il se forme soit en ajoutant **-ed** à la base verbale (si le verbe est régulier), soit en transformant le verbe (s'il est irrégulier).

› *I walk to school.* (présent)

› *Je vais à l'école à pied.*

› *I walk**ed** to school this morning.* (prétérit)

› *Je suis allé à l'école à pied ce matin.*

› *Kevin makes nice cakes.* (présent)

› *Kevin fait de bons gâteaux.*

› *Kevin **made** some cakes yesterday.* (prétérit)

› *Kevin a fait des gâteaux hier.*

**walked** est le prétérit de **walk** (qui est un verbe régulier) ; **made** est le prétérit de **make** (qui est un verbe irrégulier).

❑ Le prétérit correspond très souvent au passé composé français :

› *I work**ed** yesterday.*

› *J'ai travaillé hier.*

❑ Le present perfect ressemble au passé composé dans sa formation mais il n'a pas les mêmes emplois. N'employez donc pas le present perfect (*I have walked..., Kevin has made...*) à la place du prétérit (➜ **voir fiche 33**). Beaucoup de gens tombent dans ce piège :

- Correct

› *I saw Dan yesterday.*

› *J'ai vu Dan hier.*

- Incorrect : **I have seen Dan yesterday.*

❑ Pour la forme négative, employez **did** + **not** + base verbale :

› *I **didn't hear** the phone.*

› *Je n'ai pas entendu le téléphone.*

› *Kevin **didn't make** any cakes yesterday.*

› *Kevin n'a pas fait de gâteaux hier.*

❑ Pour la forme interrogative (= pour poser une question), employez **did** + sujet + base verbale :

› ***Did** you hear the phone?*
› *Tu as entendu le téléphone ?*

› ***Did** Kevin make any progress yesterday?*
› *Est-ce que Kevin a fait des progrès hier ?*

❑ Notez que **did** (= l'auxiliaire **do** au prétérit) est suivi de la base verbale :

› ***Did I make** a mistake?*
› *Est-ce que j'ai fait une erreur ?*

(Et non *Did I made a mistake?)

❑ Notez aussi l'emploi de **did** (= l'auxiliaire **do** au prétérit) avec le verbe lexical **do** (= faire) :

› *What **did** you **do** in Paris?*
› *Qu'est-ce que vous avez fait à Paris ?*
› *Qu'avez-vous fait à Paris ?*

(Et non *What did you in Paris?)

## 40. le prétérit simple de be

❑ Le prétérit du verbe **be** est :

| | |
|---|---|
| I / he / she / it / Paul | **was** |
| We / you / they / my parents | **were** |

Le present perfect ressemble au passé composé dans sa formation mais il n'a pas les mêmes emplois. N'employez donc pas le present perfect (*I have been...*) à la place du prétérit (→ **voir fiche 33**). Beaucoup de gens tombent dans ce piège :

- Correct

  › *I **was** ill last week.*
  › *J'ai été malade la semaine dernière.*
  › *J'étais malade la semaine dernière.*

- Incorrect : *I have been ill last week.

❑ Pour la forme négative, employez **was not/were not**, souvent contractés en **wasn't/weren't**.

› *I **wasn't** late.*
› *Je n'ai pas été en retard.*
› *Je n'étais pas en retard.*

› *We **weren't** very warm.*
› *On n'a pas eu très chaud.*
› *On n'avait pas très chaud.*

❑ Pour la forme interrogative (= pour poser une question), employez **was/were** + sujet.

› ***Were** Mr and Mrs Anderson at the party?*
› *M. et Mme Anderson étaient-ils à la fête ?*
› *Est-ce que M. et Mme Anderson étaient à la fête ?*
› *Ils étaient à la fête, M. et Mme Anderson ?*

› ***Was** my phone switched on?*
› *Mon téléphone était-il allumé ?*
› *Est-ce que mon téléphone était allumé ?*
› *Il était allumé, mon téléphone ?*

❑ Notez qu'il y a toujours plusieurs façons en français de poser la même question, alors qu'en anglais il n'en existe qu'une seule (➜ **voir fiche 19**).

## 41. le prétérit en be + -ing

Le prétérit en **be + -ing** (*I was reading, they were waiting…*) a plusieurs fonctions.

**1** Il s'emploie pour parler de quelque chose qui était en cours à un moment donné :

› *I went into the room. Harry **was** sitt**ing** near the window and his sister **was** read**ing** a book.*

› *Je suis entré dans la pièce. Harry était assis près de la fenêtre et sa sœur lisait un livre.*

Dans cet exemple, Harry était assis et sa sœur lisait quand je suis entré. On voit que **be + -ing** au prétérit est très utile pour décrire une scène au passé, quand on raconte une histoire par exemple.

**2** Il s'emploie pour parler d'une action qui était en cours (*I was working :* prétérit en **be + -ing**) quand quelque chose s'est passé (*I heard a noise*) :

› *I **was** work**ing** on my computer when suddenly I heard a noise.*

› *Je travaillais sur mon ordinateur quand soudain j'ai entendu un bruit.*

**3** Il s'emploie pour parler de quelque chose qui devait se passer, qui était prévu, une sorte de projet dans le passé :

› *I thought Jerry **was** arriv**ing** this morning. He said he **was** tak**ing** the 9 o'clock train.*

› *Je pensais que Jerry arrivait ce matin. Il a dit qu'il prenait le train de 9 heures.*

(Jerry devait arriver ce matin et il était prévu qu'il prenne le train de 9 heures).

On voit dans tous ces exemples que la forme prétérit en **be** + **-ing** se traduit par l'imparfait en français. Mais attention ! L'imparfait se traduit uniquement par le prétérit en **be** + **-ing** quand il s'agit d'une action qui était en cours ou d'une action qui était prévue (→ **voir fiche 43**).

❑ Avec certains verbes, on n'emploie pas **be** + **-ing** (→ **voir fiche 31**).

❑ Comparez le prétérit en **be** + **-ing** au présent en **be** + **-ing** (→ **voir fiche28**).

## 42. comment traduire le passé composé en anglais

Il ne faut pas systématiquement traduire le passé composé par le present perfect !

Cette erreur très fréquente peut être évitée si on considère que le passé composé a deux valeurs :

**1** Il sert à raconter des événements qui ont eu lieu dans le passé :

› *J'ai vu un très bon film hier.*

(Ici, je « raconte une histoire ». Le marqueur temporel *hier* situe l'action clairement dans le passé.)

**2** Il sert à faire le bilan présent d'événements passés :

› *J'ai vu ce film trois fois.*

(Ici, je « fais le bilan ».)

❑ Pour raconter le passé en anglais, on emploie le prétérit (→ **voir fiche 39**) :

› *I **saw** a very good film yesterday.*
› *J'ai vu un très bon film hier.*

❑ Pour « faire le bilan » en anglais, on emploie le present perfect (➡ **voir fiche 34**) :

› ***I've seen** this film three times.*
› *J'ai vu ce film trois fois.*

## 43. comment traduire l'imparfait en anglais

❑ L'imparfait se traduit souvent par le prétérit simple (➡ **voir fiche 39**) :

› *I **loved** him.*
› *Je l'aimais.*

› *We **didn't** have much money.*
› *Nous n'avions pas beaucoup d'argent.*

❑ La forme **used to** + base verbale est parfois possible. Elle s'emploie quand quelque chose était autrefois le cas, mais plus maintenant :

› *He **used to** drink a lot.*
› *Avant, il buvait beaucoup.*

› *We **used to** live in Canada.*
› *Nous habitions au Canada avant.*

❑ L'imparfait se traduit par le prétérit en **be** + **-ing** (*I was reading, Paul was driving...* ➡ **voir fiche 41**) quand il signale quelque chose qui était en cours ou quelque chose qui était prévu :

• Action en cours

› *We couldn't go out because it **was** rain**ing**.*
› *On n'a pas pu sortir parce qu'il pleuvait.*

› *I **was** washi**ng** my hair when the phone rang.*
› *Je me lavais les cheveux quand le téléphone a sonné.*

- Action prévue

› *He said he **was** comi**ng**.*
› *Il a dit qu'il venait.*
› *Il a dit qu'il devait venir.*

› *I thought John **was** lendi**ng** us his car.*
› *Je pensais que John nous prêtait sa voiture.*
› *Je pensais que John devait nous prêter sa voiture.*

Notez l'emploi du verbe *devoir* en français dans ce dernier cas.

❑ imparfait + *depuis* = past perfect + **for** ou **since** (➜ **voir fiche 44**) :

› *We **had** liv**ed** in Paris **for** three years/since 1998.*
› *Nous habitions à Paris depuis trois ans/depuis 1998.*

› *It **had** rain**ed** **for** seven days.*
› *Il pleuvait depuis sept jours.*

Le past perfect en **be** + **-ing** est souvent préférable ici (➜ **voir fiche 45**) :

› *It **had been** raini**ng** for seven days.*
› *Il pleuvait depuis sept jours.*

## 44. le past perfect simple

❑ Le present perfect (➜ **voir fiches 33-37**) exprime un lien entre le présent et le passé. Le past perfect exprime le même type de lien, mais entre un moment passé et un autre moment, encore antérieur.

❑ Le past perfect (qui s'appelle aussi le pluperfect) correspond le plus souvent au plus-que-parfait français *(j'avais vu..., Sarah avait compris...)*. Il se forme avec l'auxiliaire **have** au prétérit (had), suivi du verbe au participe passé (walked, gone, said, made...) :

› *Dan **had told** us not to be late.*
› *Dan nous avait dit de ne pas être en retard.*

› *Somebody **had left** the door open.*
› *Quelqu'un avait laissé la porte ouverte.*

❑ imparfait + *depuis* = past perfect + **for** ou **since** :

› *We **had lived** in Paris **for** three years/since 1998.*
› *Nous habitions à Paris depuis trois ans/depuis 1998.*

› *It **had rained for** seven days.*
› *Il pleuvait depuis sept jours.*

Le past perfect en **be** + **-ing** est souvent préférable ici (**voir fiche 45**) :

› *We **had been** living in Paris for three years/since 1998.*
› *Nous habitions à Paris depuis trois ans/depuis 1998.*

› *It **had been** raining for seven days.*
› *Il pleuvait depuis sept jours.*

❑ Le past perfect est employé au discours indirect (**voir fiche 84**) pour rapporter ce qui a été dit au present perfect :

• Direct

› *« I **have seen** this DVD before! », said Mark.*
› *« J'ai déjà vu ce DVD ! », dit Mark.*

• Indirect

› *Mark said that he **had seen** the DVD before.*
› *Mark a dit qu'il avait déjà vu le DVD.*

❑ Le past perfect s'emploie avec **if, wish,** et **would rather** :

› ***If*** *you* ***hadn't been*** *so lazy, you'd have finished now.*
› *Si tu n'avais pas été si paresseux, tu aurais terminé maintenant.*
› *I* ***wish*** *my parents* ***had attended*** *the ceremony.*
› *Si seulement mes parents avaient assisté à la cérémonie.*
› ***I'd rather*** *they* ***hadn't come.***
› *J'aurais préféré qu'ils ne viennent pas.*

## 45. le past perfect en be + -ing

❑ Le past perfect en **be** + **-ing** exprime une activité en cours ou qui venait tout juste de s'achever à un moment donné du passé :

› *I* ***had been*** *read****ing*** *for half an hour when the phone rang.*
› *Je lisais depuis une demi-heure quand le téléphone a sonné.*
› *I don't know what they* ***had been*** *talk****ing*** *about when I arrived.*
› *Je ne sais pas ce dont ils avaient parlé quand je suis arrivé.*
› *I wasn't sure if he* ***had been*** *drink****ing****.*
› *Je n'étais pas certain qu'il avait bu.*

❑ Le past perfect en **be** + **-ing** met l'accent sur l'activité qui était en cours ou qui venait tout juste de s'achever, alors que le past perfect simple met l'accent sur le résultat d'une activité qui était terminée :

- Past perfect simple

› *The children* ***had eaten*** *all the sandwiches.*

› *Les enfants avaient mangé tous les sandwichs.*

(Action terminée. Résultat : plus de sandwichs !)

- Past perfect en **be** + **-ing**

› *The children* ***had been*** *eat****ing*** *for almost an hour.*

› *Les enfants mangeaient depuis presque une heure.*

(Action en cours : ils mangeaient encore)

- Past perfect simple

› *He* ***had spoken*** *to his Mum on the phone that morning.*

› *Il avait parlé à sa mère au téléphone ce matin-là.*

(Action terminée. Résultat : la conversation avait eu lieu)

- Past perfect en **be** + **-ing**

› *When I arrived, he* ***had been*** *speak****ing*** *to his mother.*

› *Quand je suis arrivé, il venait de parler à sa mère.*

(Action tout juste terminée : il venait tout juste de raccrocher)

❑ Le past perfect en **be** + **-ing** est employé au discours indirect (➾ **voir fiche 84**) pour rapporter ce qui a été dit au present perfect avec **be** + **-ing** :

- Direct

› *«* ***Have*** *you* ***been*** *smok****ing?*** *», asked Anna.*

› *« Vous avez fumé ? », demanda Anna.*

- Indirect

› *Anna asked if we* ***had been*** *smok****ing.***

› *Anna demanda si on avait fumé.*

❑ Le past perfect en **be** + **-ing** s'emploie avec **if** :

› ***If*** *it* ***hadn't been*** *rain**ing**, we would have sat in the garden.*
› *S'il n'avait pas plu, on se serait installé dans le jardin.*

› ***If*** *you'**d been*** *listen**ing**, you might have learned something!*
› *Si vous aviez écouté, vous auriez peut-être appris quelque chose !*

## 46. comment traduire le conditionnel en anglais

❑ Le conditionnel présent en français s'exprime par une forme verbale (le conditionnel de *faire* est *je ferais, il ferait, nous ferions,* etc.). En anglais, le conditionnel présent se forme avec le modal **would** suivi de la base verbale :

› *He **would be** so happy if we invited him.*
› *Il serait tellement content si on l'invitait.*

› *What **would** you **do** if you lost your job?*
› *Que ferais-tu si tu perdais ton travail ?*

› *I'm sure he **wouldn't agree.***
› *Je suis sûr qu'il ne serait pas d'accord.*

› *He told me he **would phone** later.*
› *Il m'a dit qu'il appellerait plus tard.*

❑ Le conditionnel passé en français se forme avec *avoir/être* au conditionnel + participe passé *(il aurait été content, nous aurions pris le train, il serait venu...)*. En anglais, le conditionnel passé se forme avec le modal **would** + **have** + participe passé :

› *Ben **would have liked** this film.*
› *Ben aurait aimé ce film.*
› *What **would** you **have done?***
› *Qu'est-ce que tu aurais fait ?*
› *It **wouldn't have been** fair.*
› *Cela n'aurait pas été juste.*
› *I **would have come** if I had known.*
› *Je serais venu si j'avais su.*

## 47. le passif (notions de base)

❑ La voix passive se forme avec **be** conjugué suivi du participe passé d'un verbe :

› *Passports **are checked** at the border.*
› *Les passeports sont contrôlés à la frontière.*
› *This house **was built** by my uncle.*
› *Cette maison a été construite par mon oncle.*

❑ Regardez dans chaque exemple les deux façons de dire la même chose :

› *Somebody **cleans** the office every evening.* (voix active)
› *Quelqu'un nettoie le bureau tous les soirs.*
› *The office **is cleaned** every evening.* (voix passive)
› *Le bureau est nettoyé tous les soirs.*

Ici, on a employé le passif au présent simple pour parler d'une action sans mentionner qui l'accomplit.

› *My Dad **made** this table.* (voix active)
› *Mon père a fabriqué cette table.*
› *This table **was made** by my Dad.* (voix passive)
› *Cette table a été fabriquée par mon père.*

❑ Le passif s'emploie pour changer la « focalisation » de la phrase :

• avec la voix passive, on se focalise sur la table et on dit ensuite qui l'a fabriquée ;

• avec la voix active, on se focalise sur mon père et on dit ensuite ce qu'il a fabriqué.

## 48. le passif (be + being + participe passé)

❑ Regardez dans chaque exemple les deux façons de dire la même chose :

› *Someone* ***is cleaning*** *the office.* (voix active)
› *Quelqu'un nettoie le bureau.*

› *The office* ***is being cleaned.*** (voix passive)
› *Le bureau est en train d'être nettoyé.*

(On pourrait aussi traduire par *on est en train de nettoyer le bureau.*)

Cet exemple montre l'emploi du passif avec **be** + **being.** Ici, il sert à parler d'une action en cours (le nettoyage d'un bureau) sans mentionner qui l'accomplit.

› *A mechanic* ***is repairing*** *my car.* (voix active)
› *Un mécanicien répare ma voiture.*

› *My car* ***is being repaired*** *by a mechanic.* (voix passive)
› *Ma voiture est en train d'être réparée par un mécanicien.*

❑ Ici, le passif s'emploie pour changer la « focalisation » dans l'énoncé :

• avec la voix active, on se focalise sur le mécanicien et on dit ensuite ce qu'il répare (= *la voiture*) ;

• avec la voix passive, on se focalise sur la voiture et on dit ensuite qui la répare (= *le mécanicien*). Ici, *a mechanic* est ce qu'on appelle un complément d'agent introduit par le mot **by**.

❑ Le complément d'agent est parfois sous-entendu :

› *The house* ***is being renovated.*** *(...by a building firm)*
› *La maison est en cours de rénovation.*
(littéralement, « est en train d'être rénovée » *...par une entreprise de bâtiment)*

❑ Autres exemples :

› *My suit* ***is being cleaned.***
› *Mon costume est au nettoyage.*
(littéralement, « ...est en train d'être nettoyé »)

› *Innocent people* ***are being killed.***
› *On tue des innocents.*
(littéralement, « des innocents sont en train d'être tués »)

❑ La voix passive est beaucoup plus couramment employée en anglais qu'en français. Le mot *on* est souvent employé en français pour exprimer la même chose :

› *A school* ***is being built*** *here.*
› *On construit une école ici.*

› *A lot of money* ***is being spent.***
› *On dépense beaucoup d'argent.*

› *A large banquet* ***is being prepared.***
› *On prépare un grand banquet.*

## 49. le passif : temps et modes

Pour bien comprendre le fonctionnement de la voix passive, concentrez-vous d'abord sur ses emplois au présent simple et au prétérit simple. Approfondissez ensuite en regardant comment il fonctionne avec les autres temps et modes.

**1** le passif avec le présent simple :
(forme : **am/is/are** + participe passé)

› *This game **is played** by children all over the world.*
› *Ce jeu est joué par des enfants partout dans le monde.*

› *I'**m paid** every month.*
› *Je suis payé chaque mois.*
› *On me paie chaque mois.*

**2** le passif avec le prétérit simple :
(forme : **was/were** + participe passé)

› *Her dress **was made** by a top designer.*
› *Sa robe a été faite par un grand couturier.*

› *These earrings **were given** to me by my grandmother.*
› *Ces boucles d'oreilles m'ont été offertes par ma grand-mère.*

**3** le passif avec le present perfect :
(forme : **has/have been** + participe passé)

› *The building **has been demolished.***
› *L'immeuble a été démoli.*
› *On a démoli l'immeuble.*

› *We'**ve been robbed!***
› *On nous a volés !*

**4** le passif avec **be** + **-ing** (présent) :
(forme : **am/are being** + participe passé)

› *My passport **is being renewed.***
› *Mon passeport est en train d'être renouvelé.*

› *The animals **are being fed.***
› *On donne à manger aux animaux.*
› *Les animaux sont en train d'être nourris.*

**5** le passif avec **be + -ing** (prétérit) :
(forme : **was/were being** + participe passé)

› *My car **was being cleaned.***
› *Ma voiture était en train d'être nettoyée.*
› *Ma voiture était au nettoyage.*

› *Several houses **were being repainted.***
› *Plusieurs maisons étaient en train d'être repeintes.*
› *On repeignait plusieurs maisons.*

## 50. parler de l'avenir : emploi de will

❑ Il n'y a pas de temps grammatical « futur » en anglais, mais il existe plusieurs façons différentes de parler de l'avenir. Le modal **will** en est une, mais il est faux de dire que « **will**, c'est le futur » : il y a d'autres façons de parler de l'avenir qu'avec **will** et **will** n'exprime pas toujours l'avenir.

❑ **will** est très souvent employé pour parler d'un avenir dont on est quasiment certain. Il est souvent contracté en **'ll** après un pronom (I'll, you'll, he'll, it'll...).

› ***I'll** be sixteen next week.*
› *J'aurai seize ans la semaine prochaine.*

› *David **will** tell you how to get to the party.*
› *David t'expliquera comment aller à la fête.*

› *How many glasses **will** we need?*
› *On aura besoin de combien de verres ?*

› ***Will** Mark and Jason take the train?*
› *Mark et Jason prendront-ils le train ?*

❑ **will** est un modal (➾ **voir fiche 10**). La forme négative est **will not,** souvent contracté en **won't** :

› *Sorry, that **won't** be possible.*
› *Désolé, ce ne sera pas possible.*

❑ **will** est aussi employé à la première personne (I will, we will) quand on décide de faire quelque chose sur-le-champ, ou quand on exprime sa volonté de faire quelque chose.

Notez qu'ici on ne prédit pas vraiment l'avenir :

› ***I'll** help you if you like.* (j'exprime ma volonté de t'aider)
› *Je t'aiderai si tu veux.*
› *Je t'aide si tu veux.*

Note : *I help you serait incorrect ici.

› ***I'll** have a salad and a steak.* (je décide ce que je vais prendre)
› *Je prendrai une salade et un steak.*
› *Je prends une salade et un steak.*

Note : *I have serait incorrect ici.

❑ En règle générale, on n'emploie pas **will** pour des choses qu'on a déjà décidé de faire (regardez la fiche suivante).

Ne confondez pas le conditionnel et le futur en français !

• Futur

› *Je viendrai.*
› *I **will** come.*

• Conditionnel

› *Je viendrais.*
› *I **would** come.*

## 51. parler de l'avenir : be going to + BV

❑ **be going to** + base verbale est employé quand on a décidé de faire quelque chose, quand la décision de faire quelque chose est déjà prise :

› *I'm **going to** have my hair cut this afternoon.*
› *Je vais me faire couper les cheveux cet après-midi.*

› *George **is going to** sell his house.*
› *George va vendre sa maison.*

› ***Are** you **going to** tell me what happened?*
› *Tu vas me dire ce qui s'est passé ?*

❑ Tout en « prédisant » l'avenir, ces phrases parlent d'une décision déjà prise (*tu vas me dire* = « tu as l'intention de me dire » ; *je vais me faire couper les cheveux* = « j'ai décidé de me les faire couper »).

**I am going to...** est plus courant que **I will...** quand je raconte ce que je vais faire :

› *Tomorrow I'**m going to** write to my girlfriend.*
› *Demain je vais écrire à ma copine.*

❑ **be going to** + base verbale est aussi employé quand on prédit ce qui va se passer à partir d'indices au moment présent. Il s'agit le plus souvent d'un avenir immédiat.

› *It's cloudy : I think it'**s going to** rain.*
› *Il y a des nuages : je crois qu'il va pleuvoir.*
(indice) (prédiction)

› *Look! That boy **is going to** dive into the pool!*
› *Regarde ! Ce garçon va plonger dans la piscine !*
(indice) (prédiction)

**Will** serait impossible dans ces deux phrases ; pour un avenir immédiat prédit à partir d'indices présents, **going to** s'impose.

## 52. l'avenir : présent simple et be + -ing

❑ Le présent simple est parfois employé (comme en français) pour parler d'un avenir programmé, le plus souvent dans le cadre d'horaires ou de programmes officiels. On donne une information :

› *The President **arrives** in New York tomorrow morning.*
› *Le président arrive à New York demain matin.*

› *The train **leaves** in ten minutes.*
› *Le train part dans dix minutes.*

› *The film **begins** at eight.*
› *Le film commence à vingt heures.*

❑ **be + -ing** est également employé pour parler d'un avenir programmé, mais cette fois-ci il s'agit d'un programme non officiel ou personnel :

› *I'**m** see**ing** Jennifer tomorrow.*
› *Je vois Jennifer demain.*

› *What **are** you do**ing** this evening?*
› *Que fais-tu ce soir ?*

› *David **is**n't com**ing** to the concert with us.*
› *David ne vient pas au concert avec nous.*

## 53. prédiction, décision, programme

❑ Dans les fiches précédentes, nous avons vu que l'on peut parler de l'avenir en anglais de plusieurs façons différentes :

**will, be going to,** présent simple, **be + -ing.** Il est difficile de rattacher un seul sens à chacune de ces expressions, car leur emploi n'est pas figé. Il dépend de la situation d'énonciation : qui parle à qui ? comment ? et pourquoi ?

❑ Quand on parle de l'avenir en anglais, il y a trois situations d'énonciation importantes qui déterminent le choix de l'expression :
- la prédiction
- la décision
- le programme

• La prédiction, c'est quand on fait une simple hypothèse sur l'avenir, ou quand on est vraiment sûr de ce qui va se passer. Dans ce cas on emploie soit **will** (sans nuance particulière), soit **be going to** (surtout si la prédiction porte sur un avenir proche à partir d'indices présents (➾ **voir fiche 51**) :

› *Sally **will** be very angry when she reads that note.*
› *Sally **is going to** be very angry when she reads that note.*
› *Sally sera très fâchée quand elle lira ce mot.*

(Sally sera fâchée, j'en suis certain)

› *Oh no, I think that tree **is going to** fall over!*
› *Oh non, je pense que cet arbre va tomber !*

(J'observe la scène et je dis ce qui va se passer maintenant)

• Le moment de la décision détermine également le choix entre **will** et **be going to,** surtout à la première personne (➾ **voir fiches 50 et 51**) :

› *I'**ll** help you find your ring, Grandma!*
› *Je vais t'aider à trouver ta bague, Grand-mère !*

(*I will :* décision prise sur-le-champ ; proposition d'aide spontanée)

› *I'm **going to** help Grandma find her ring.*

› *Je vais aider Grand-mère à trouver sa bague.*

(*I'm going to :* je parle d'une décision déjà prise)

• La notion de programme nous conduit à employer soit le présent simple, soit be + -ing (➾ **voir fiche 52**) :

› *The plane **leaves** at eleven o'clock.*

› *L'avion part à 11 h.*

(présent simple : horaire/programme officiel)

› *I'**m** see**ing** my cousin tomorrow.*

› *Je vois ma cousine demain.*

(be + -ing : programme personnel, justification donnée par celui qui parle).

## 54. be to + BV et be (just) about to + BV

### 1 be to + BV

❑ Cette expression, surtout employée en anglais écrit, s'emploie quand quelque chose est officiellement programmé. Son sens est ainsi très proche du présent simple employé pour parler de l'avenir (➾ **voir fiche 52**). Elle se traduit souvent en français par le verbe *devoir,* qui exprime ici « ce qui est prévu » :

› *The President **is to** make a speech this afternoon.*

› *Le Président doit faire un discours cet après-midi.*

› *The French **are to** vote on Sunday.*

› *Les Français doivent voter dimanche.*

**2 be (just) about to** + BV

❑ Cette expression est employée pour parler de quelque chose qui va arriver de façon imminente, qui est sur le point d'arriver :

› *I'm **about to** leave.*
› *Je vais partir (tout de suite).*

› *The doors **are about to** close! Hurry up!*
› *Les portes vont fermer ! Dépêche-toi !*

❑ Le mot just permet d'insister sur le caractère imminent :

› *We**'re just about to** have dinner.*
› *On va dîner (tout de suite).*

› *Be quiet! He**'s just about to** speak.*
› *Taisez-vous ! Il est sur le point de parler.*

## 55. l'impératif

**1 L'impératif à la deuxième personne** *(mange ! mangez !)*

❑ Pour dire à quelqu'un de faire quelque chose, on emploie généralement l'impératif. En français, l'impératif de *jouer* à la deuxième personne est *joue/jouez,* l'impératif de *manger* est *mange/mangez,* et l'impératif de *dire* est *dis/dites :*

› *Joue avec ta sœur !*
› *Mange tes haricots !*
› *Dites-moi à quelle heure vous voulez partir.*

❑ En anglais, l'impératif est toujours identique à la base verbale : pour play, l'impératif est play ; pour eat, l'impératif est eat ; pour say, l'impératif est say :

› ***Play*** *tennis with me on Saturday!*
› *Joue au tennis avec moi samedi ! / Jouez au tennis avec moi samedi !*

› ***Eat*** *your carrots!*
› *Mange tes carottes ! / Mangez vos carottes !*

› ***Say*** *what you want!*
› *Dis ce que tu veux ! / Dites ce que vous voulez !*

❑ Pour dire à quelqu'un de ne pas faire quelque chose, on emploie **do not** + base verbale. **Do not** est souvent contracté en **don't** :

› ***Don't play*** *with your food!*
› *Ne joue pas avec ta nourriture ! / Ne jouez pas avec votre nourriture !*

› ***Don't eat*** *that!*
› *Ne mange / mangez pas ça !*

› ***Don't say*** *that word!*
› *Ne dis / dites pas ce mot !*

› ***Don't be*** *late!*
› *Ne sois / soyez pas en retard !*

› ***Don't do*** *that!*
› *Ne fais / faites pas ça !*

## 2 L'impératif à la première personne *(mangeons ! partons !)*

❑ L'impératif à la première personne sert à proposer de faire quelque chose.

› *Allons-y !*
› *Soyons réalistes !*
› *Arrêtons-nous là.*

❑ En anglais, on emploie **let's** + base verbale :

› ***Let's leave** early!*
› *Partons de bonne heure !*

› ***Let's go** to the cinema!*
› *Allons au cinéma !*

› ***Let's be** early for once!*
› *Soyons en avance pour une fois !*

❑ La forme négative est **let's not** + base verbale :

› ***Let's not worry** too much.*
› *Ne nous inquiétons pas trop.*

› ***Let's not tell** him the truth.*
› *Ne lui disons pas la vérité.*

› ***Let's not be** too impatient.*
› *Ne soyons pas trop impatients.*

## 56. les « tags » et les réponses courtes (1)

❑ En français, pour exprimer notre étonnement ou notre intérêt quand quelqu'un nous dit quelque chose, nous employons des expressions comme « Ah bon ? » ; « C'est vrai ? » ; « Vraiment ? ».

❑ En anglais, on peut soit employer l'adverbe **really?** (= *vraiment ?*), soit répondre de la façon suivante :

› *Alison : I've seen this film before.*
› *David : **Have you?***
› *Alison : J'ai déjà vu ce film.*
› *David : Ah bon ?*

- *Alison : I'm cold!*
- *David : **Are you?** I'm hot!*
- *Alison : J'ai froid !*
- *David : Ah bon ? Moi, j'ai chaud !*

- *Alison : I don't like cauliflower.*
- *David : **Don't you?** I love it!*
- *Alison : Je n'aime pas le chou-fleur.*
- *David : Ah bon ? Moi, je l'adore !*

On voit comment l'auxiliaire de la première phrase **(have, be, do)** est repris dans la réponse.

❑ C'est le même fonctionnement avec les modaux, surtout **can/can't** et **will/won't :**

- *Alison : I can't swim.*
- *David : **Can't you?***
- *Alison : Je ne sais pas nager.*
- *David : C'est vrai ?*

- *Alison : Harry will be sixteen tomorrow.*
- *David : **Will he?***
- *Alison : Harry aura 16 ans demain.*
- *David : Vraiment ?*

❑ Quand il n'y a ni auxiliaire ni modal dans la première phrase, on « reprend » l'auxiliaire **do** qui est « caché » dans le verbe (→ **voir fiche 17**) :

- *Alison : I travel a lot.*
- *David : **Do you?***
- *Alison : Je voyage beaucoup.*
- *David : Ah bon ?*

› *Alison : Dad thinks you're funny.*
› *David :* ***Does he?***
› *Alison : Papa te trouve drôle.*
› *David : Ah oui ?*

› *Alison : It rains all the time here.*
› *David :* ***Does it?***
› *Alison : Il pleut tout le temps ici.*
› *David : Vraiment ?*

❑ Au passé, c'est la même chose mais avec **did** :

› *Alison : Phil called earlier.*
› *David :* ***Did he?***
› *Alison : Phil a appelé tout à l'heure.*
› *David : Ah bon ?*

› *Alison : I bought a car yesterday.*
› *David :* ***Did you?***
› *Alison : J'ai acheté une voiture hier.*
› *David : Ah oui ?*

## 57. les « tags » et les réponses courtes (2)

❑ En français, quand on parle à quelqu'un, on termine parfois la phrase par un mot ou une expression dont la fonction est de provoquer une réponse :

› *Elle est belle, non ?*
› *C'est super, tu ne trouves pas ?*
› *Tu ne fumes pas, toi, hein ?*
› *Il fait beau aujourd'hui, n'est-ce pas ?*

❑ En anglais, pour exprimer la même chose, on emploie ce qu'on appelle les « question tags ». Ce sont des petites questions qu'on ajoute à la fin de la phrase, dans lesquelles on reprend l'auxiliaire ou le modal de la première partie de la phrase **(be, can, will...)**, suivi d'un pronom personnel **(I, you, he...)** :

- À la fin d'une phrase affirmative, on emploie un tag négatif :

  › *You can swim,* ***can't you?***
  › *Tu sais nager, non ?*

  › *He's Andrew's father,* ***isn't he?***
  › *C'est le père d'Andrew, non ?*

- À la fin d'une phrase négative, on emploie un tag positif :

  › *You can't swim,* ***can you?***
  › *Tu ne sais pas nager, hein ?*

  › *He isn't Andrew's father,* ***is he?***
  › *Ce n'est pas le père d'Andrew, je crois ?*

- Quand il n'y a ni auxiliaire ni modal dans la première partie de la phrase, on « reprend » l'auxiliaire **do** qui est « caché » dans le verbe :

  › *You like sweet things,* ***don't you?***
  › *Tu aimes les sucreries, n'est-ce pas ?*

  › *It smells nice,* ***doesn't it?***
  › *Ça sent bon, non ?*

  › *The French played well,* ***didn't they?***
  › *Les Français ont bien joué, tu ne trouves pas ?*

Ces « tags » ne sont employés qu'à l'oral, dans le cadre d'un dialogue, car ils sont là pour provoquer une réponse. Leur emploi est assez difficile à maîtriser pour un étranger, mais il faut les apprendre pour parler anglais correctement.

## 58. les « tags » et les réponses courtes (3)

❑ En anglais, quand on répond **yes** ou **no** à une question, on ajoute souvent un tag. Comme d'habitude (voir les fiches précédentes), le tag reprend le modal ou l'auxiliaire de l'énoncé initial :

› *Can you swim? – Yes, I **can**. /No, I **can't**.*
› *Tu sais nager ? – Oui. / Non.*
› *He's Andrew's father, isn't he? – Yes, he **is**. / No, he **isn't**.*
› *C'est le père d'Andrew, non ? – Oui. / Non.*
› *Are you tired? – Yes, I **am**. / No, I'm **not**.*
› *Tu es fatigué ? – Oui. / Non.*
› *The French played well, didn't they? – Yes, they **did**. / No, they **didn't**.*
› *Les Français ont bien joué, n'est-ce pas ? – Oui. / Non.*
› *Do you like watching TV? – Yes, I **do**. / No, I **don't**.*
› *Tu aimes regarder la télé ? – Oui. / Non.*

## 59. les noms : singulier et pluriel

❑ En anglais, comme en français, on forme généralement le pluriel d'un nom en y ajoutant un **-s** :

› *I've got a dog and three cat**s**.*
› *J'ai un chien et trois chats.*

❑ Certains noms ont un pluriel irrégulier (comme *cheval* en français qui devient *chevaux*). Les plus courants sont :

› *a child* (*un enfant*) ➤ *some children* (*des enfants*)
› *a foot* (*un pied*) ➤ *two feet* (*deux pieds*)
› *a goose* (*une oie*) ➤ *lots of geese* (*plein d'oies*)

› *a man* *(un homme)* ➤ *several men* *(plusieurs hommes)*

› *a mouse* *(une souris)* ➤ *hundreds of mice* *(des centaines de souris)*

› *a tooth* *(une dent)* ➤ *my teeth* *(mes dents)*

› *a woman* *(une femme)* ➤ *ten women* *(dix femmes)*

❑ Certains noms ont un pluriel invariable (= identique au singulier) :

› *an aircraft* *(un avion)* ➤ *two aircraft* *(deux avions)*

› *a fish* *(un poisson)* ➤ *eight fish* *(huit poissons)*

› *a sheep* *(un mouton)* ➤ *a flock of sheep* *(un troupeau de moutons)*

› *a series* *(une série)* ➤ *different series* *(des séries différentes)*

› *a species* *(une espèce)* ➤ *many species* *(beaucoup d'espèces)*

❑ Les noms de famille prennent un **-s** au pluriel, à la différence du français :

› *The Harrison**s** are coming to visit us tomorrow.*

› *Les Harrison viennent nous voir demain.*

❑ Les noms qui désignent des objets « doubles » *(ciseaux, lunettes)* et des vêtements à deux jambes *(culotte, jean, pantalon, short, pyjama...)* sont toujours au pluriel en anglais. Pour dire *un jean, un pantalon*, etc., on emploie **a pair of** ou parfois **some** :

› *These **shorts** are too small.*

› *Ce short est trop petit.*

› *They make really nice **shorts.***
› *Ils font de très jolis shorts.*

› *I need **a** new **pair of jeans.***
› *I need **some** new **jeans.***
› *J'ai besoin d'un nouveau jean.*

❑ Le pluriel **persons** est très rarement employé. Il faut toujours employer **people** comme pluriel de **person :**

› *Two **people** said they recognized her.*
› *Deux personnes ont dit qu'elles l'avaient reconnue.*

## 60. les noms : dénombrables et indénombrables

❑ En anglais, un nom dénombrable :
- peut être précédé de l'article *a/an* ou d'un chiffre
- peut se mettre au pluriel.

• Exemples :

› *door : a door, five doors*
› *woman : a woman, two women*
› *mistake : a mistake, too many mistakes*

❑ Un nom indénombrable désigne quelque chose qu'on ne compte pas normalement *(le sang, l'intelligence...).*
En anglais, un nom indénombrable :
- ne peut pas être précédé de l'article *a/an*
- ne peut pas être précédé d'un chiffre
- ne peut pas se mettre au pluriel.

• Exemples :

› *advice*/le conseil (*a piece of advice, some advice,* jamais **an advice/*advices*)

- *courage*/*le courage* (*some courage*, jamais *a courage)
- *information*/*l'information* (*a piece of information, some information*, jamais *an information/*informations)
- *luggage*/*les bagages* (*a piece of luggage, some luggage*, jamais *a luggage/*luggages)
- *news*/*les nouvelles* (*a piece of news, some news*, jamais *a news)
- *progress*/*le progrès* (*some progress*, jamais *a progress)
- *travel*/*les voyages* (jamais *a travel : *un voyage* = *a trip*)
- *work*/*le travail* (jamais *a work : *un travail* = *a job*)
- *money*/*l'argent* (jamais *a money, ni *moneys : on compte l'argent, mais le mot « argent » ne se met pas au pluriel !)

❑ Autres points importants :

• Les noms de langues sont indénombrables en anglais (English, Japanese, Portuguese, French...). On ne dit pas *he speaks a perfect English mais he speaks perfect English.

• Attention avec les noms abstraits : en français on peut parler d'un courage, d'une tristesse, d'un bonheur. En anglais les mots abstraits sont généralement indénombrables :

- *Il a fait preuve d'un grand courage.*
- *He showed great courage.*

• Les noms de maladies sont généralement indénombrables en anglais :

- *Il a une hépatite.*
- *He's got hepatitis.*

❑ Certains noms peuvent être soit dénombrables, soit indénombrables, mais avec des nuances de sens :

| dénombrables | indénombrables |
|---|---|
| › a lamb, a chicken, a turkey<br>› *un agneau, un poulet, une dinde* | › lamb, chicken, turkey<br>› *de l'agneau, du poulet, de la dinde* |
| › a business<br>› *une affaire/une entreprise* | › business<br>› *les affaires* |
| › a coffee, a tea<br>› *un café, un thé* | › coffee, tea<br>› *du café, du thé* |
| › a stone<br>› *une pierre* | › stone<br>› *la pierre* (= la matière) |
| › a hair<br>› *un poil, un cheveu* | › hair<br>› *les cheveux* |

## 61. les articles : l'article zéro

❑ Regardez ces deux phrases en français :

› *Je déteste les chats.*
› *Voilà les chats dont je te parlais.*

Dans la première phrase, *les chats* signifie « tous les chats ». Dans la deuxième, *les chats* désigne quelques chats en particulier (ceux dont je parlais).

En anglais, il est très important de saisir cette différence, parce que l'article **the** ne s'emploie pas tout à fait comme l'article *le/la/l'/les* :

› *Je déteste les chats.*
› *I hate cats.*

› *Voilà les chats dont je te parlais.*
› *There are the cats I told you about.*

❑ On parle de « l'article zéro » (ou « article Ø ») quand un nom n'est pas précédé de **the, a** ou **an.** En principe, pour parler de quelque chose en général, on emploie « l'article zéro » :

› *I hate dogs.*
› *Je déteste les chiens.* (tous les chiens, les chiens en général)

› *Love is wonderful.*
› *L'amour est merveilleux.* (l'amour en général)

› *The forces of Nature.*
› *Les forces de la Nature.* (la Nature en général)

› *Children usually dislike cabbage.*
› *En règle générale, les enfants n'aiment pas le chou.*

› *People have to learn to live in society.*
› *Les gens doivent apprendre à vivre en société.*

❑ L'article zéro est aussi employé quand on s'adresse à un groupe de la façon suivante :

› *Come in, children!*
› *Entrez, les enfants !*

› *Hi, girls!*
› *Salut les filles !*

## 62. les articles : exemples importants de l'article zéro

❑ Les noms de repas s'emploient généralement sans l'article **the :**

› *Dinner's ready!*
› *Le dîner est prêt !*

› *Lunch will be served in the garden.*
› *Le déjeuner sera servi dans le jardin.*

Attention au mot **bed** *(lit)* : quand on parle du meuble, le mot **bed** peut être précédé d'un article *(the bed is made : le lit est fait)*. Mais quand on parle d'aller se coucher, le mot **bed** ne prend pas d'article *(I'm going to bed : je vais me coucher ; he's in bed : il est au lit)*.

Attention aux mots **church** *(église)*, **college** *(université)*, **hospital** *(hôpital)*, **jail** *(prison)*, **prison** *(prison)*, **school** *(école, collège, lycée)*, **university** *(université)*. Avec l'article zéro, on met l'accent sur la fonction de l'endroit. L'emploi de **the** signifie qu'on parle plutôt du bâtiment :

› *Do you like school?*
› *Tu aimes l'école ?* (c'est-à-dire, les cours)
› *Do you like the school?*
› *Tu aimes l'école ?* (c'est-à-dire, le bâtiment, l'établissement)

• **be at school/at college/at university** signifie « être à l'école/à l'université » pour y faire ses études ; **be at the school/at the college/at the university** signifie simplement « être dans l'enceinte de l'établissement ».

• **go to hospital** signifie « aller à l'hôpital » parce qu'on est malade ; **go to the hospital** signifie y aller pour une autre raison (pour y travailler, pour rendre visite à quelqu'un...).

❑ Quand on parle de son poste ou de l'endroit où on travaille, on dit **work,** jamais *the work. Quand **work** signifie simplement « choses à faire », on peut employer l'article **the.**

Comparez :

› *Look at all the work I have to do this morning!*

› *Regarde tout le travail que je dois faire ce matin !*

› *Is the work finished?*

› *Est-ce que le travail est terminé ?*

et

› *I'm late for work.*

› *Je suis en retard pour le travail.*

› *Sam goes to work by bus.*

› *Sam va au travail en bus.*

› *I need a new shirt for work.*

› *J'ai besoin d'une nouvelle chemise pour le travail.*

## 63. a/an, some, article zéro

❑ Le choix de **a** ou **an** dépend du son qui suit (on dit *an apple* mais *a big apple ; a boy* mais *an English boy) :* regardez **a, an** dans la partie alphabétique.

❑ **a** et **an** correspondent généralement à l'article français *un(e),* mais ne pensez surtout pas que *a = *un* et *an = *une* !

❑ Après **be** et **become,** les noms de métiers sont précédés de l'article **a/an** sauf quand il s'agit d'un poste important occupé par une seule personne :

› *She wants to **become a** nurse.*

› *Elle veut devenir infirmière.*

› *My Dad **is a** farmer.*

› *Mon père est agriculteur.*

› *Jerry is chairman of a large company.*
› *Jerry est président d'une grosse entreprise.*

❑ Quand *du/de la* signifie « une certaine quantité de », il se traduit généralement par **some,** mais l'article zéro est aussi possible :

› *They gave us* ***(some)*** *water.*
› *Ils nous ont donné de l'eau.*

› *I need* ***(some)*** *more time.*
› *Il me faut plus de temps.*

❑ Quand l'article *du/de la* ne signifie pas « une certaine quantité de », il se traduit par l'article zéro :

› *Cette tache ? Je pense que c'est du vin.*
› *That stain? I think it's wine.* (jamais *some wine)

› *C'est de la nourriture anglaise.*
› *It's English food.* (jamais *some food)

❑ Quand l'article *des* signifie *quelques,* il se traduit généralement par **some :**

› *Shall we buy your mother* ***some*** *flowers?*
› *On achète des fleurs pour ta mère ?* (« quelques fleurs »)

› ***Some*** *people came to the house.*
› *Des gens sont venus à la maison.* (« quelques personnes »)

❑ Quand *des* ne signifie pas *quelques,* il se traduit le plus souvent par l'article zéro. Comparez :

› *Those flowers are roses.*
› *Ces fleurs sont des roses.*

› *I'm going to buy some roses.*

› *Je vais acheter des roses.* (« quelques roses »)

**Regardez aussi some dans la partie alphabétique.**

## 64. la relation « X de Y »

❑ En français, l'une des fonctions du mot *de* est de montrer une relation entre deux personnes, entre une personne et un objet, entre deux objets, etc. Cette relation est parfois une relation d'appartenance (*la voiture de Pierre* est la voiture qui appartient à Pierre), mais pas toujours :

› *les musées de France*

› *les romans de Balzac*

› *un vélo d'enfant*

❑ En anglais le mot of remplit la même fonction, mais avec certaines catégories de noms, le génitif s'impose. Le génitif se forme de la manière suivante :

• Pour un nom singulier ou pour un nom pluriel ne se terminant pas en -s, on ajoute 's.

- nom singulier (« Paul »)

› *Paul's bike*

› *le vélo de Paul*

- nom pluriel ne se terminant pas en -s (« children »)

› *the children's bikes*

› *les vélos des enfants*

• Pour un nom dont le pluriel se termine en -s, on ajoute l'apostrophe '

› *my sisters' school*

› *l'école de mes sœurs*

❑ Quand un nom propre se termine en **-s** au singulier, on peut employer soit **'s**, soit l'apostrophe ' tout seul :

› *Jesus**'s** disciples* ou *Jesus' disciples*
› *les disciples de Jésus*

› *Mrs Andress**'s** daughter* ou *Mrs Andress' daughter*
› *la fille de Mme Andress*

❑ Le génitif s'emploie surtout avec les noms qui désignent des personnes ou des animaux :

› *Bob's clothes* (jamais *the clothes of Bob)
› *my mother's hair* (jamais *the hair of my mother)
› *the Smiths' house* (jamais *the house of the Smiths)
› *the dog's bone* (jamais *the bone of the dog)

❑ Avec les objets, le génitif s'emploie parfois, mais il est préférable de l'éviter :

› *the price **of** the house (le prix de la maison)*
› *the colour **of** the rocks (la couleur des rochers)*
› *the sound **of** the sea (le bruit de la mer)*
› *the speed **of** light (la vitesse de la lumière)*

❑ Avec les mots qui désignent les différentes « zones » d'un objet (le haut, le bas, le milieu, etc.), on emploie généralement **of** :

› *the top **of** the wardrobe*
› *le haut de l'armoire*

› *the bottom **of** the sea*
› *le fond de la mer*

› *the middle **of** the book*
› *le milieu du livre*

❑ Avec les noms formés à partir d'adjectifs comme *the British, the French, the English, the poor,* le génitif n'est jamais employé :

› *the attitude of the British* (jamais *the British's attitude)
› *the situation of the poor* (jamais *the poor's situation)

❑ Quand un nom désignant une personne est suivi d'autres informations, le génitif est souvent impossible :

› *the woman's name*
› *le nom de la femme*

mais

› *the name of the woman who babysits*
› *le nom de la femme qui fait du baby-sitting*

## 65. la relation « X de Y » (autres solutions)

❑ Dans la fiche précédente, nous avons vu que l'expression « X of Y » s'emploie plutôt que le génitif **('s)** lorsque le nom Y ne désigne pas une personne :

› *the windows **of** the building*
› *les fenêtres de l'immeuble*

› *animals **of** the African desert*
› *les animaux du désert africain*

❑ Dans certains cas, la relation « X de Y » est exprimée en anglais au moyen d'un nom composé (= un nom suivi d'un autre nom). Ne cherchez pas quelles catégories de noms sont employées de cette façon ; il faut apprendre progressivement les noms composés, comme n'importe quels autres mots de vocabulaire :

› *the **car keys***
› *les clés de la voiture*
› *the **bedroom carpet***
› *la moquette de la chambre*
› ***river fish***
› *les poissons de rivière*
› *a **skin disease***
› *une maladie de peau*

Ne soyez pas tenté de mettre le premier nom au pluriel !

› *a **car salesman***
› *un marchand de voitures*
› *a **shoe shop***
› *un magasin de chaussures*

(mais on dit **a clothes shop** parce que **clothes** est toujours au pluriel !)

❑ De même, quand un chiffre est employé dans un nom composé, le premier nom n'est jamais au pluriel :

› *a twenty-**kilometre** race*
› *une course de vingt kilomètres*
› *a two-**hour** flight*
› *un vol de deux heures*
› *a fifty-**euro** note*
› *un billet de cinquante euros*

❑ Parfois, on peut employer soit « X of Y » soit un nom composé, mais cela en modifie le sens :

> *a cup **of** tea* — *a **teacup***
> *une tasse de thé* — *une tasse à thé*
> *a glass **of** wine* — *a **wineglass***
> *un verre de vin* — *un verre à vin*

## 66. adjectifs épithètes

❑ Les adjectifs en anglais ne prennent jamais la marque du pluriel. N'ajoutez jamais de **s** à la fin d'un adjectif anglais.

> *those **poor** farmers*
> *ces pauvres agriculteurs*
> *some **other** people*
> *d'autres personnes*
> ***different** solutions*
> *différentes solutions*

❑ Un adjectif épithète est un adjectif qui est directement relié au nom. La plupart des adjectifs épithètes se mettent avant le nom en anglais :

> *a **big** house*
> *une grande maison*
> *What **lovely** roses!*
> *Quelles roses magnifiques !*

❑ Quand il y a plusieurs épithètes qui se succèdent, il faut suivre un ordre assez précis :

| jugement | taille/valeur/âge | forme/couleur/nationalité/matière/fonction |
|---|---|---|
| › *a lovely* | *tall* | *thin Spanish man* |
| › *un Espagnol grand, mince et très sympa* | | |
| › *a very* | *nice big* | *round wooden bowl* |
| › *un grand bol en bois rond très joli* | | |
| › *two horrible* | *old* | *red folding chairs* |
| › *deux horribles vieilles chaises pliantes rouges* | | |

## 67. adjectifs attributs

❑ On dit qu'un adjectif est attribut quand il est relié au nom au moyen d'un verbe. Les verbes les plus fréquents sont **appear, be, become, feel, look** et **seem. Smell, sound** et **taste** sont également des verbes courants.

› *I am* ***tired.*** (verbe « lien » = be)
› *Je suis fatigué.*
› *You look* ***ill.*** (verbe « lien » = look)
› *Tu as l'air malade.*

› *The sea appeared very* ***calm.*** (verbe « lien » = appear)
› *La mer semblait très calme.*

❑ Certains adjectifs anglais ne sont qu'attributs (c'est-à-dire qu'ils doivent être liés au nom au moyen d'un verbe). La plupart commencent par la lettre **a-** :

| seulement attribut | épithète équivalente |
|---|---|
| › *I am* ***afraid.*** | › *a* ***frightened*** *animal* |
| › *J'ai peur.* | › *un animal qui a peur* |

> *He's **alive!***
> *Il est vivant !*

> ***live** animals*
> *des animaux vivants*

> ***living** things*
> *des choses vivantes*

> *Are you **alone?***
> *Tu es seul ?*

> *a **single** person*
> *une seule personne/ une personne seule*

> *a **lonely** man*
> *un homme qui se sent seul*

> *I feel **ashamed.***
> *J'ai honte.*

> ***shameful** words*
> *des paroles honteuses*

> *The baby is **asleep.***
> *Le bébé dort.*

> *a **sleeping** baby*
> *un bébé qui dort*

> *They're **awake.***
> *Ils sont réveillés.*

(pas d'équivalent)

> *I'm **glad** to see you!*
> *I'm **pleased** to see you!*
> *Je suis heureux de te voir.*

> ***happy** people*
> *des gens heureux*

Les adjectifs **afraid** et **ashamed** correspondent à des noms en français (*avoir peur* = **be afraid** ; *avoir honte* = **be ashamed**).

## 68. adjectifs et prépositions

❑ Certains adjectifs (A), en anglais comme en français, peuvent ou doivent être suivis d'une préposition (P) et d'un complément (C) :

> *Il est très gentil avec (P) nous (C)*

› *Ils n'étaient pas conscients (A) du (P) danger (C)*

❑ En anglais, la préposition qui suit un adjectif n'est pas toujours celle qu'attend un francophone (par exemple, *être responsable **de** quelque chose* = *be responsible **for** something*). Les exemples ci-dessous vous montrent quelle préposition employer en fonction de l'adjectif :

Adjectifs + prépositions

› *afraid, frightened, scared, terrified **of** something*
pour dire qu'on a peur de quelque chose

› *amazed, astonished, surprised **at, by** something*
pour dire qu'on est surpris/étonné par quelque chose

› *worried, sorry **about** something*
pour dire qu'on est inquiet *(worried)*, désolé *(sorry)* à cause de quelque chose

› *angry, annoyed, furious **about** something*
pour dire qu'on est en colère *(angry, furious)*, agacé *(annoyed)* à propos de quelque chose

› *kind, nice, rude **to** somebody*

› *gentil (kind, nice), impoli (rude) avec quelqu'un*

› *angry, annoyed, furious **with** somebody*
pour dire qu'on est en colère contre quelqu'un *(angry, furious)*, agacé *(annoyed)* par quelqu'un

› *delighted, happy, pleased, satisfied **with** something*
pour exprimer sa satisfaction, son bonheur à propos de quelque chose

› *bored, disappointed **with** something*
pour exprimer son ennui *(bored)*, sa déception *(disappointed)* à propos de quelque chose

- *aware, conscious* ***of*** *something*
  pour dire qu'on est conscient de quelque chose
- *bad, brilliant, good, terrible, useless* ***at*** *something*
  pour dire qu'on est doué *(brilliant, good),* pas doué *(bad, terrible, useless)* pour quelque chose
- *different* ***from*** *something*
- *différent de quelque chose*
- *interested* ***in*** *something*
  pour exprimer son intérêt en quelque chose
- *responsible* ***for*** *something*
- *responsable de quelque chose*

## 69. adjectifs substantivés

❑ Un adjectif substantivé est un adjectif qui s'emploie comme un nom. Les adjectifs substantivés en anglais désignent généralement des groupes ou des catégories de personnes ; par conséquent ils se comportent comme des pluriels, même s'ils ne portent pas la marque **s** du pluriel :

- *the poor/the rich (les pauvres/les riches)*
- *the unemployed (les chômeurs)*
- *the blind (les aveugles)*
- *the deaf (les sourds)*
- *the disabled (les handicapés)*
- *the old (les personnes âgées)*
- *the English/the French (les Anglais/les Français :* **voir aussi la fiche suivante)**

*Les jeunes* peut parfois être traduit par *the young,* mais l'expression *young people* est beaucoup plus courante.

On ne dit jamais *the youngs, *the poors, etc. !

❑ Le verbe associé à un adjectif substantivé doit être au pluriel :

› *The poor in India* ***are*** *too poor to pay taxes.*
› *Les pauvres en Inde sont trop pauvres pour payer des impôts.*
› *The old* ***have*** *a lot of problems in winter.*
› *Les personnes âgées ont beaucoup de problèmes en hiver.*

❑ Pour parler d'un ou de plusieurs individus membres du groupe ou de la catégorie, on emploie l'adjectif + **man/woman/boy/girl/person...** (au pluriel, **men/women/boys/girls/people...**). Notez bien la traduction proposée entre parenthèses :

› *a poor person* *(un pauvre)*
› *an unemployed girl* *(une jeune chômeuse)*
› *a disabled woman* *(une handicapée)*
› *two deaf boys* *(deux jeunes sourds)*
› *three blind people* *(trois aveugles)*

❑ Comme en français, certaines notions abstraites peuvent également être désignées par un adjectif substantivé : *the sublime (le sublime) ; the unexpected (l'inattendu).*

## 70. adjectifs et substantifs de nationalité

❑ En anglais, tous les adjectifs et substantifs de nationalité s'écrivent toujours avec une majuscule (écrire *english, *italian, *chinese est toujours une erreur).

❑ Les adjectifs et substantifs de nationalité en anglais forment quatre grandes catégories. Il faut les apprendre pour ne pas vous tromper.

• Adjectifs en **-sh** ou **-ch**

| **comment dire « un(e)... » ou « plusieurs... »** | **comment dire « les... »** |
|---|---|
| a **British** person/man/woman...<br>two **British** boys/girls/people... | the **British** |
| an **Englishman**, an **Englishwoman**<br>an **English** person<br>two **English** boys/girls/people... | the **English** |
| a **Frenchman**, a **Frenchwoman**<br>a **French** person<br>two **French** boys/girls/people... | the **French** |
| a **Dutchman**, a **Dutchwoman**<br>a **Dutch** person<br>two **Dutch** boys/girls/people...<br>(Attention ! Dutch = *néerlandais*) | the **Dutch** |
| a **Irishman**, a **Irishwoman**<br>a **Irish** person<br>two **Irish** boys/girls/people... | the **Irish** |
| a **Welshman**, a **Welshwoman**<br>a **Welsh** person<br>two **Welsh** boys/girls/people... | the **Welsh** |

On ne dit jamais *an English, *a French, *three British !

- Adjectifs en **-ese** + Swiss

| comment dire « un(e)... » ou « plusieurs... » | comment dire « les... » |
|---|---|
| a **Chinese** person/man/woman... two **Chinese** boys/girls/people... | the **Chinese** |
| a **Japanese** person/man/woman... two **Japanese** boys/girls/people... | the **Japanese** |
| a **Portuguese** person/man/woman... two **Portuguese** boys/girls/people... | the **Portuguese** |
| a **Vietnamese** person/man/woman... two **Vietnamese** boys/girls/people... | the **Vietnamese** |
| a **Swiss** person/man/woman... two **Swiss** boys/girls/people... | the **Swiss** |

- Adjectifs en **-an** et autres

| comment dire « un(e)... » ou « plusieurs... » | comment dire « les... » |
|---|---|
| an **African**, two **Africans** | the **Africans** |
| an **American**, two **Americans** | the **Americans** |
| an **Australian**, two **Australians** | the **Australians** |
| a **Belgian**, two **Belgians** | the **Belgians** |
| a **Canadian**, two **Canadians** | the **Canadians** |
| a **European**, two **Europeans** | the **Europeans** |
| a **German**, two **Germans** | the **Germans** |
| an **Italian**, two **Italians** | the **Italians** |

| | |
|---|---|
| a **Thai**, two **Thais** | the **Thais** |
| a **Finn**, two **Finns** | the **Finns** |
| a **Pakistani**, two **Pakistanis** | the **Pakistanis** |

Pour préciser qu'il s'agit d'une femme/une fille : a **German** woman, a **Thai** girl, a **Belgian** lady, etc.

• Cinq cas où l'adjectif et le substantif sont différents :

| **adjectif** | **comment dire « un(e)... » ou « plusieurs... »** | **comment dire « les... »** |
|---|---|---|
| **Arabic/Arab** | an **Arab**, two **Arabs** | the **Arabs** |
| **Danish** | a **Dane**, two **Danes** | the **Danes** |
| **Polish** | a **Pole**, two **Poles** | the **Poles** |
| **Scottish** | a **Scot**, two **Scots** | the **Scots** |
| **Spanish** | a **Spaniard**, two **Spaniards** | the **Spanish** |

Pour préciser qu'il s'agit d'une femme/une fille : an **Arab** woman, a **Scottish** girl, a **Spanish** lady, etc.

Notez les formes à employer pour **Jewish** (= *juif*), **black, white** et **mixed-race** (= *métis*) :

| **comment dire « un(e)... » ou « plusieurs... »** | **comment dire « les... »** |
|---|---|
| a **Jew**, two **Jews**<br>a **Jewish** boy/girl/woman | the **Jews** |

| | |
|---|---|
| a **black** ou a **black** man/woman/ person... two **blacks** ou two **black** men/women/ people... | **black people** |
| a **white** ou a **white** man/woman/ person... two **whites** ou two **white** men/women/ people... | **white people** |
| a **mixed-race** boy/girl/man/woman/ person... two **people of mixed-race** | **people of mixed race** |

## 71. adjectifs et comparatifs

❑ Le comparatif nous permet de comparer, de parler de la différence qui existe entre des choses ou des personnes. Par exemple, le fait que je suis plus âgé que mon frère, le fait que les souris sont plus petites que les rats, le fait que tel ordinateur est moins puissant qu'un autre.

❑ En français, les mots *plus* et *moins* servent à faire ce genre de comparaisons. En anglais, les expressions **more** et **less** ont la même fonction :

› *The fireworks were **more** spectacular than last year.*
› *Le feu d'artifice était plus spectaculaire que l'année dernière.*

› *You're **less** patient than me.*
› *Tu es moins patient que moi.*

› *Children used to be **more** polite.*
› *Les enfants étaient plus polis autrefois.*

❑ **more** n'est pas employé avec les adjectifs qui n'ont qu'une seule syllabe. Dans ce cas, on ajoute **-er** à la fin de l'adjectif.

› *I'm old**er** than him.*
› *Je suis plus vieux que lui.*

› *Can I try a small**er** size?*
› *Je peux essayer une plus petite taille ?*

› *You look a lot thinn**er**!*
› *Tu as l'air beaucoup plus mince !*

❑ **more** est employé avec tous les adjectifs qui ont deux syllabes ou plus, sauf :

• ceux qui se terminent par **-er** et **-y** *(cleverer, friendlier, happier, easier)*

• les mots **narrow** et **simple** *(narrower, simpler)*

❑ Les adjectifs **good, well** (= *en bonne santé*), **bad,** et **far** ont un comparatif irrégulier :

› *good* ➛ *better*

› *bad* ➛ *worse*

› *well* ➛ *better*

› *far* ➛ *farther* ou *further*

## 72. adjectifs et superlatifs

❑ Le superlatif en français correspond à l'expression *le plus* ou *le moins* + adjectif. Il permet de dire, par exemple, que c'est la fille la plus intelligente de sa classe, que la baleine est le plus grand mammifère marin... Le superlatif permet de comparer un élément à tous les autres de la même catégorie.

❑ En anglais, il existe deux possibilités pour le superlatif de supériorité :

• L'expression **the most...** :

› *These are **the most** spectacular fireworks I've ever seen.*
› *C'est le feu d'artifice le plus spectaculaire que j'aie jamais vu.*

› *He's **the most** patient teacher in the school.*
› *C'est le prof le plus patient du collège.*

Un seul **the,** et l'ordre des mots n'est pas le même qu'en français. On ne dit pas *the teacher the most patient !

• **most** n'est pas employé avec les adjectifs qui n'ont qu'une seule syllabe. Dans ce cas, on ajoute **-est** à la fin de l'adjectif.

› *He's **the** old**est**.*
› *C'est le plus âgé.*

› *Can I try **the** small**est** size?*
› *Je peux essayer la plus petite taille ?*

❑ **most** est employé avec tous les adjectifs qui ont deux syllabes ou plus, sauf :

• ceux qui se terminent par **-er** et **-y** :

› *clever* ➝ *cleverest*
› *intelligent*

› *happy* ➝ *happiest*
› *heureux*

› *friendly* ➝ *friendliest*
› *sympathique*

› *easy* ➝ *easiest*
› *facile*

• les mots **narrow** *(étroit)* et **simple** *(simple)* (➛ *narrowest, simplest*)

❑ Les adjectifs **good** *(bon, bien)*, **bad** *(mauvais, mal)*, et **far** *(lointain, loin, éloigné)* ont un superlatif irrégulier :

› *good* ➛ *the best*

› *bad* ➛ *the worst*

› *far* ➛ *the farthest* ou *the furthest*

❑ L'expression **the least** correspond au français *le moins...* On l'appelle le « superlatif d'infériorité » :

› *This is **the least** easy exercise.*
› *C'est l'exercice le moins facile.*

› *He's **the least** friendly boy in the class.*
› *C'est le garçon le moins sympathique de la classe.*

Notez l'emploi de **in** après un superlatif, là où en français on emploie *de* :

› *She's the oldest woman **in** the world.*
› *C'est la femme la plus âgée du monde.*

› *He's the shortest boy **in** the class.*
› *C'est le garçon le plus petit de la classe.*

Notez comment on dit *le plus simple, le plus important,* etc. au sens de « la chose la plus simple/la plus importante » :

› ***The simplest thing** would be to leave the dog at home.*
› *Le plus simple serait de laisser le chien à la maison.*

› ***The most important thing** is to drink lots of water.*
› *Le plus important, c'est de boire beaucoup d'eau.*

› ***The best thing** would be to say nothing.*
› *Le mieux serait de ne rien dire.*

## 73. pronoms sujets et compléments

❑ En français, les pronoms personnels sujets sont *je, tu, il, elle, nous, vous, ils, elles.*

❑ En anglais, les pronoms personnels sujets sont :

| | |
|---|---|
| **I** | *(je)* |
| **you** | *(tu, vous)* |
| **he** | (*il* « humain ») |
| **she** | (*elle* « humain ») |
| **it** | (*il* ou *elle* « non humain ») |
| **we** | *(nous)* |
| **they** | (*ils* ou *elles*) |

❑ En français, les pronoms personnels compléments sont *moi, toi, lui, elle, nous, vous, eux, elles.* En anglais, les pronoms personnels compléments sont :

| | |
|---|---|
| **me** | *(moi, me)* |
| **you** | *(toi, te, vous)* |
| **him** | (*lui* « humain ») |
| **her** | (*elle* « humain ») |
| **it** | (*lui* ou *elle* « non humain ») |
| **us** | *(nous)* |
| **them** | (*eux* ou *elles*) |

Il est important de faire la différence entre un pronom sujet **(I, he...)** et un pronom complément **(me, him...)**

Le schéma suivant peut vous aider :

| sujet | | complément |
|---|---|---|
| *Qui a vu David ?* | | |
| *Who saw David?* | | |
| *I, you, he, she, it, we, they* | *saw* | *David* |
| *David a vu qui ?* | | |
| *Who did David see?* | | |
| *David* | *saw* | *me, you, him, her, it, us, them* |

## 74. déterminants et pronoms possessifs

❑ En français, les déterminants possessifs sont :

*mon/ma/mes*

*ton/ta/tes*

*son/ses*

*notre/nos*

*votre/vos*

*leur/leurs*

❑ En anglais, les déterminants possessifs sont :

**my** *(mon, ma, mes)*

**your** *(ton/ta/tes, votre/vos)*

**his** (*son/sa/ses*, possesseur de sexe masculin)

**her** (*son/sa/ses*, possesseur de sexe féminin)

**its** (*son/sa/ses*, possesseur non humain)

**our** *(notre/nos)*

**their** *(leur/leurs)*

Ne confondez pas **its** (déterminant possessif) et **it's** (contraction de **it is**).

❑ En français, le choix entre *son* ou *sa* dépend du genre grammatical du nom (*son parapluie* parce que *parapluie* est masculin ; *sa chambre* parce que *chambre* est féminin). En anglais, le choix entre **his** et **her** dépend du sexe du possesseur :

› ***his*** *umbrella* = *son parapluie* (à lui)
› ***her*** *umbrella* = *son parapluie* (à elle)

**its** est employé quand le possesseur est une chose ou un animal :

› *The tree lost one of* ***its*** *branches in the storm.*
› *L'arbre a perdu une de ses branches dans l'orage.*
› *The rabbit went into* ***its*** *burrow.*
› *Le lapin est entré dans son terrier.*

❑ En français, les pronoms possessifs sont :
*le mien, les miens ; la mienne, les miennes*
*le sien, les siens ; la sienne, les siennes*
*le tien, les tiens ; la tienne, les tiennes*
*le/la nôtre, les nôtres*
*le/la vôtre, les vôtres*
*le/la leur, les leurs*

❑ En anglais, les pronoms possessifs sont :
**mine** (*le mien, la mienne, les miens, les miennes ;* « à moi »)
**his** (*le sien, la sienne, les siens, les siennes ;* « à lui »)
**hers** (*le sien, la sienne, les siens, les siennes ;* « à elle »)
**ours** (*le nôtre, la nôtre, les nôtres ;* « à nous »)

**yours** (*le tien, la tienne, les tiens, les tiennes, le/la vôtre, les vôtres* ; « à toi, à vous »)

**theirs** (*le leur, la leur, les leurs* ; « à eux, à elles »)

En anglais on n'emploie pas l'article **the** pour former le pronom possessif : *le mien* = **mine.**

Ne confondez pas **her, our, your, their** (déterminants possessifs *son/sa/ses, notre/nos,votre/vos, leur(s)...)* avec **hers, ours, yours, theirs** (pronoms possessifs *le sien/la sienne/les sien(ne)s, le/la nôtre, les nôtres, le vôtre, les vôtres, le(s) leur(s)...* ).

› *That isn't **her** car, it's **ours!***

› *Ce n'est pas sa voiture (à elle), c'est la nôtre !*

› ***Your** flat seems smaller than **theirs.***

› *Ton appartement a l'air plus petit que le leur.*

## 75. pronoms réfléchis

❑ En français, la structure *se* + verbe peut avoir une valeur réfléchie ou une valeur réciproque :

- réfléchi

  › *Le chat se léchait.* (action accomplie sur lui-même)

- réciproque

  › *Les deux frères se regardaient.* (l'un l'autre, mutuellement)

❑ L'anglais fait une différence très nette entre les deux :

› *The cat was licking **itself.***

› *Le chat se léchait.*

> *The two brothers were looking at* ***each other.***
> *The two brothers were looking at* ***one another.***
> *Les deux frères se regardaient.*

La réciprocité est exprimée par **each other** ou **one another** ; le pronom réfléchi est un mot qui se termine toujours par **-self** ou **-selves.**

❑ Les pronoms réfléchis en anglais sont (en gras ici) :

> *I see* ***myself.***
> *Je me vois.*
> *You* (singulier) *see* ***yourself.***
> *Tu te vois/vous* (singulier) *vous voyez.*
> *He sees* ***himself.***
> *Il* (humain) *se voit.*
> *She sees* ***herself.***
> *Elle* (humain) *se voit.*
> *It sees* ***itself.***
> *Il/elle* (animal) *se voit.*
> *We see* ***ourselves.***
> *Nous nous voyons.*
> *You* (pluriel) *see* ***yourselves.***
> *Vous* (pluriel) *vous voyez.*
> *They see* ***themselves.***
> *Ils/elles se voient.*
> *One sees* ***oneself.***
> *On se voit.*

Le pronom réfléchi **oneself** est rarement employé dans la langue courante. Dans les dictionnaires et les manuels, il est employé pour « représenter » tous les pronoms réfléchis (**oneself = myself/yourself/himself...**).

❑ Tous les verbes pronominaux français ne se traduisent pas par un pronom réfléchi en anglais :

› *I feel ill.* (pas *I feel myself...)

› *Je me sens malade.*

› *Relax!* (pas *relax yourself)

› *Détends-toi !*

❑ Les pronoms réfléchis en anglais ont également la même valeur que les pronoms français en *-même (moi-même, toi-même, vous-mêmes...)* :

› *Did you repair this* ***yourself?***

› *Tu as réparé ça toi-même ?*

› *I painted this picture* ***myself.***

› *J'ai peint ce tableau moi-même.*

❑ **by** + pronom réfléchi a le sens de *seul* (au sens de « sans la présence ou l'aide de quelqu'un d'autre ») :

› *I'm* ***by myself.***

› *Je suis seul.*

› *They live* ***by themselves.***

› *Ils habitent seuls.*

## 76. masculin et féminin, mâle et femelle : he, she, it

❑ Le genre des mots est source de confusion en anglais, parce qu'il ne fonctionne pas du tout comme en français.

❑ Il est très important de faire la distinction entre le genre grammatical du mot et le sexe de ce que le mot désigne. En français, le mot *table* est féminin et le mot *sac* est masculin : on dit *une grande table* et *un grand sac.* Mais cela ne veut pas dire que *les tables* sont de sexe féminin et que *les sacs* sont de sexe masculin. *Les tables* et *les sacs* n'ont pas de sexe, mais les noms « table » et « sac » ont ce qu'on appelle un genre grammatical, soit masculin, soit féminin.

❑ En anglais, les noms n'ont généralement pas de genre grammatical. On dit *a big table* et *a big bag.*

Le choix entre **a** et **an** n'est pas une question de genre. **an** est employé simplement quand le mot qui suit commence par une voyelle, pour faciliter la prononciation : *an apple, an elephant, an enormous table.*

❑ **he** (= *il*) et **she** (= *elle*) sont employés uniquement pour une personne, ou pour un animal dont on connaît le sexe :

• **he** (= *il*) pour un homme, un garçon ou un animal quand on sait que c'est un mâle.

› *I'm angry with my brother because **he** didn't help me.*
› *Je suis fâché contre mon frère parce qu'il ne m'a pas aidé.*

› *I don't like your dog because **he**'s silly.*
› *Je n'aime pas ton chien parce qu'il est idiot.*

• **she** (= *elle*) pour une femme, une fille ou un animal quand on sait que c'est une femelle.

› *Have you met Sam's mother? **She** is very nice.*
› *Tu as rencontré la mère de Sam ? Elle est très gentille.*

› *I like your dog because **she**'s very quiet.*
› *J'aime bien ta chienne parce qu'elle est très calme.*

• **it** (= *il/elle*) est employé pour tout ce qui n'a pas de sexe (pour tout ce qui n'est ni un être humain, ni un animal), et pour un animal quand on ne sait pas si c'est un mâle ou une femelle.

› *We threw the table away because **it** was broken.*
› *On a jeté la table parce qu'elle était cassée.*

› *They didn't like the dog because **it** was silly.*
› *Ils n'aimaient pas le chien parce qu'il était idiot.*

## 77. masculin et féminin, mâle et femelle : his, her, its

❑ En français, le mot *table* est un nom féminin et le mot *sac* est un nom masculin : quand on parle de la personne à qui appartient une table ou un sac, on dit *sa table* et *son sac*. Le déterminant possessif (on peut dire aussi l'adjectif possessif) est *son* pour un nom masculin et *sa* pour un nom féminin.

❑ En anglais, les noms n'ont généralement pas de genre grammatical, et les déterminants possessifs **his** et **her** reflètent le sexe de la personne (ou l'animal) qui possède :

***his** house* (= *sa maison* – à lui)
***his** nose* (= *son nez* – à lui) si c'est à un homme ou à un garçon ou à un animal mâle
***her** house* (= *sa maison* – à elle)
***her** nose* (= *son nez* – à elle) si c'est à une femme ou à une fille ou à un animal femelle

❑ **its** est employé pour tout ce qui n'a pas de sexe (pour tout ce qui n'est ni un être humain, ni un animal), et pour un animal quand on ne sait pas si c'est un mâle ou une femelle.

› *I like the book but I don't like **its** cover.*
› *J'aime bien le livre mais je n'aime pas sa couverture.*

› *The horse broke **its** leg.*
› *Le cheval s'est cassé la jambe.*

❑ Pour des personnages imaginaires comme les monstres et les fantômes, on peut employer soit **its**, soit **his/her** si on a une idée du sexe du personnage :

› *Le fantôme a agité ses chaînes.*
› *The ghost shook **its** chains.* (je ne sais pas s'il s'agit d'un fantôme « homme » ou d'un fantôme « femme »)
› *The ghost shook **his** chains.* (je sais qu'il s'agit d'un fantôme « homme »)
› *The ghost shook **her** chains.* (je sais qu'il s'agit d'un fantôme « femme »)

Ne confondez pas **its** déterminant possessif avec **it's**, qui est la contraction de **it is**.

## 78. masculin et féminin : it's his/it's hers...

❑ En français, on peut indiquer la possession par l'expression *à lui* quand le possesseur est de sexe masculin, et *à elle* quand le possesseur est de sexe féminin.

❑ En anglais, le pronom **his** correspond à l'expression *à lui*, et le pronom **hers** correspond à l'expression *à elle*.

› *This coat is **his**.*
› *Ce manteau est à lui.*
› *Ce manteau est le sien.* (= il lui appartient à lui)

› *This coat is **hers**.*
› *Ce manteau est à elle.*
› *Ce manteau est le sien.* (= il lui appartient à elle)

› *This house is* ***his.***
› *Cette maison est à lui.*
› *Cette maison est la sienne.* (= elle lui appartient à lui)

› *This house is* ***hers.***
› *Cette maison est à elle.*
› *Cette maison est la sienne.* (= elle lui appartient à elle)

› *These glasses are* ***his.***
› *Ces lunettes sont à lui.*
› *Ces lunettes sont les siennes.* (= elles lui appartiennent à lui)
› *These glasses are* ***hers.***
› *Ces lunettes sont à elle.*
› *Ces lunettes sont les siennes.* (= elles lui appartiennent à elle)

## 79. **relatives :** comment traduire « qui » et « que »

❑ *qui* et *que* sont des pronoms relatifs : ils introduisent une information relative à ce qui est dit dans la première partie de la phrase. En grammaire, la partie de la phrase qui précède le pronom relatif s'appelle l'« antécédent » :

| **antécédent** | **proposition relative entre crochets** | |
|---|---|---|
| › *Les amis* | [qui viennent ce soir] | *sont sympas.* |
| › *Tous les vêtements* | [que j'ai achetés] | *sont sur le lit.* |

❑ En anglais, trois pronoms relatifs correspondent à *qui* et *que*. Il s'agit de **who, that** et **which.** À ces trois pronoms s'ajoute ce qu'on appelle le relatif zéro (représenté parfois par le symbole Ø). Le terme « relatif zéro » signifie simplement que le pronom relatif **who/that/which** est omis.

❑ **that** et **which** s'emploient quand l'antécédent n'est pas humain ; **that** est plus courant que **which** (mais regardez aussi la fiche suivante) :

› *The computer* ***that*** *I bought is very expensive.*
› *The computer* ***which*** *I bought is very expensive.*
› *L'ordinateur que j'ai acheté est très cher.*

❑ **who** et **that** s'emploient quand l'antécédent est humain :

› *The woman* ***who*** *was sitting on the bus looked very old.*
› *The woman* ***that*** *was sitting on the bus looked very old.*
› *La femme qui était assise dans le bus avait l'air très âgée.*

❑ Le pronom relatif peut être omis quand il est complément :

› *The computer* ***that*** *I bought is very expensive.* (**that** est complément)
› *The computer I bought is very expensive.* (relatif zéro)
› *L'ordinateur que j'ai acheté est très cher.*
› *The girl* ***who*** *David married is my best friend.* (**who** est complément)
› *The girl David married is my best friend.* (relatif zéro)
› *La fille que David a épousée est ma meilleure copine.*

❑ Pour savoir si un pronom relatif est sujet ou complément en anglais, regardez le mot qui vient après :

• Si le mot qui suit le pronom est un verbe ou un modal, le pronom est sujet :

› *The people* ***who*** *met Andrew work in London.* (**who** est sujet)
› *Les gens qui ont rencontré Andrew travaillent à Londres.*

• Si le mot qui le suit est un nom ou un pronom, le pronom est complément :

› *The people* **who** *Andrew met work in London.* (**who** est complément)

› *Les gens qu'Andrew a rencontrés travaillent à Londres.*

❑ Quand who est complément, il peut être remplacé par whom, mais ce mot est d'un usage très soutenu et n'est employé qu'à l'écrit :

› *The people* **whom** *Andrew met work in London.*

› *Les gens qu'Andrew a rencontrés travaillent à Londres.*

## 80. relatives : détermination et apposition

❑ Les pronoms relatifs *qui* et *que* ont deux rôles importants :

• Ils peuvent introduire une information essentielle sur l'antécédent : *Le garçon qui était avec nous est notre neveu.*

Dans ce cas, on dit que la proposition relative est déterminative.

• Ils peuvent introduire un simple complément d'information : *Le garçon, qui était très honnête, a fini par tout nous dire.*

Dans ce cas, on dit que la proposition relative est appositive. Notez comment on emploie des virgules pour souligner le caractère complémentaire de l'information.

❑ En anglais, seuls les pronoms who et which peuvent être employés dans des propositions appositives ; that et le relatif zéro sont impossibles :

• Quand l'antécédent est humain on emploie who :

› *My brother, **who** is a pilot, will be at the party.*
› *Mon frère, qui est pilote, sera à la fête.*

• Quand l'antécédent n'est pas humain on emploie **which** :

› *This car, **which** I bought in Germany, is very reliable.*
› *Cette voiture, que j'ai achetée en Allemagne, est très fiable.*

Comparez :

› *The young actors **who** I met at the theatre were very friendly.*
› *The young actors **that** I met at the theatre were very friendly.*
› *The young actors I met at the theatre were very friendly.* (relatif zéro)
› *Les jeunes acteurs que j'ai rencontrés au théâtre étaient très sympas.*
› *The young actors, **who** I met at the theatre, were very friendly.*

(apposition : **that** et relatif zéro sont impossibles ici)

› *Les jeunes acteurs, que j'ai rencontrés au théâtre, étaient très sympas.*

## 81. relatives : comment traduire « dont »

❑ Quand *dont* suivi de *le/la* + nom a un sens possessif, il se traduit par **whose.** À la différence de *dont*, **whose** n'est pas suivi d'un article :

› *Voilà le type dont le fils est champion de tennis.*
› *There's the guy **whose** son is a tennis champion.*

› *Ce pays, dont la population est majoritairement musulmane...*

› *This country, **whose** population is mainly Muslim...*

› *C'est la femme dont la voiture a été volée ?*
› *Is that the woman **whose** car was stolen?*

› *C'est un livre dont l'auteur est inconnu.*
› *It's a book **whose** author is unknown.*

› *Ces fleurs, dont j'ai oublié le nom, sentent très bon.*
› *These flowers, **whose** name I've forgotten, smell very nice.*

❑ Quand *dont* renvoie à un verbe suivi de la préposition *de*, il se traduit par les pronoms relatifs **who/that** (pour les personnes), **which/that** (pour les objets), ou (le plus souvent) par le relatif zéro. La préposition anglaise, s'il y en a une, est renvoyée à la fin de la phrase :

› *Voilà le garçon dont je t'ai parlé. (parler de)*
› *There's the boy **that** I told you about.*
› *There's the boy **who** I told you about.*
› *There's the boy I told you about.*

› *Voici la photo dont je suis la plus fière. (être fier de)*
› *This is the photo **that** I am most proud of.*
› *This is the photo **which** I am most proud of.*
› *This is the photo I am most proud of.*

❑ Quand *dont* est suivi d'une quantité, il se traduit par un quantifieur suivi de **of whom** (pour les personnes) ou **of which** (pour les objets) :

› *Elle est venue avec un groupe d'amis, dont trois sont chinois.*
› *She came with a group of friends, three **of whom** are Chinese.*

› *L'exposition présente 50 tableaux, dont beaucoup sont d'une valeur inestimable.*
› *The exhibition presents 50 paintings, many* ***of which*** *are priceless.*

(Quantifieurs : one, two, three, some, many, most, the majority...)

❑ Quand *dont* + nom a le sens de « y compris », il se traduit par **including...**

› *Trois femmes, dont ma mère...*
› *Three women,* ***including*** *my mother...*

› *Plusieurs livres, dont deux ou trois romans...*
› *Several books,* ***including*** *two or three novels...*

❑ L'expression *ce dont* se traduit généralement par **what.** La préposition, quand il y en a une, est renvoyée à la fin de la phrase :

› *C'est ce dont je te parlais.*
› *It's* ***what*** *I was talking to you about.*

› *C'est ce dont je rêve.*
› *It's* ***what*** *I dream about.*

› *C'est ce dont tous les enfants ont besoin.*
› *It's* ***what*** *all children need.*

› *C'est ce dont j'ai envie.*
› *It's* ***what*** *I would like.*

❑ L'expression *la manière dont.../la façon dont...* se traduit par **the way (that)... :**

› *Je n'aime pas la manière dont tu me parles.*
› *I don't like* ***the way (that)*** *you talk to me.*

› *Tout dépend de la façon dont c'est fait.*
› *It all depends on **the way (that)** it's done.*

## 82. adverbes : place dans la phrase

❑ Avec beaucoup d'adverbes anglais, l'ordre de la phrase est le même qu'en français :

› *I've never seen a rhinoceros.*
› *Je n'ai jamais vu de rhinocéros.*

› *I live here.*
› *J'habite ici.*

› *Do it today!*
› *Fais-le aujourd'hui !*

Certains adverbes s'insèrent dans la phrase selon l'ordre suivant :

• avec verbes sauf **be** conjugué

| sujet | (+ « outil ») | + adverbe | + verbe |
|---|---|---|---|
| *I* | | *never* | *understand.* |
| *Mark* | *will* | *always* | *help.* |

• avec **be** conjugué

| sujet | + be | + adverbe | |
|---|---|---|---|
| *You* | *are* | *often* | *late.* |

**Rappel** : les « outils » sont les auxiliaires **have** et **do,** et les modaux **can, may, might, must, should** et **will.**

❑ Notez particulièrement les adverbes suivants :

› *He **really** hates cabbage.*
› *Il déteste vraiment le chou.*

› *I **also** play the trumpet.*
› *Je joue aussi de la trompette.*

› *Peter **never** smokes.*
› *Peter ne fume jamais.*

› *People **sometimes** call me Tommy.*
› *Les gens m'appellent parfois Tommy.*

› *It **always** rains in April.*
› *Il pleut toujours en avril.*

› *Helen **occasionally** drinks wine.*
› *Helen boit du vin de temps en temps.*

› *We **usually** celebrate Christmas at home.*
› *D'habitude, nous fêtons Noël à la maison.*

› *I **often/rarely** go to the cinema.*
› *Je vais souvent/rarement au cinéma.*

› *My watch **still** works.*
› *Ma montre marche encore.*

› *They might **never** be found.*
› *Ils ne seront peut-être jamais retrouvés.*

❑ Ces mêmes adverbes suivent **be** conjugué :

› *Peter was **also** at the party.*
› *Peter était aussi à la fête.*

› *Harry is **often/sometimes/always** late.*
› *Harry est souvent/parfois/toujours en retard.*

❑ L'adverbe **well** se place généralement après le complément d'objet (comparez la place de *bien*) :

› *He imitates Chirac very **well**.*
› *Il imite très bien Chirac.*

(*He imitates very well Chirac est incorrect !)

❑ **too** et **as well** (= *aussi, également*) se placent en fin de phrase :

› *I've got a cat, **too.***
› *J'ai aussi un chat.*

› *We went to Paris **as well.***
› *Nous sommes également allés à Paris.*

❑ L'adverbe **enough** se place après le mot qu'il modifie :

› *His explanation wasn't clear **enough.***
› *Son explication n'était pas assez claire.*

(*not enough clear est incorrect !)

› *He didn't walk fast **enough.***
› *Il n'a pas marché assez vite.*

(*not enough fast est incorrect !)

Ne pas confondre **enough** adverbe : *good enough (assez bon)* et **enough** quantifieur : *enough food (assez de nourriture).* Retenez ceci : adjectif/adverbe + **enough** mais **enough** + nom.

## 83. discours direct et indirect : généralités

❑ Quand on rapporte ce que dit quelqu'un en citant ses paroles entre guillemets, on appelle cela «le discours direct » :

› *David m'a dit : « N'y va pas ! »*
› *« Arrête ! », lui dit-elle.*

❑ Quand on rapporte ce que quelqu'un dit sans le citer directement, on appelle cela « le discours indirect » :

› *David m'a dit de ne pas y aller.*
› *Elle lui a dit d'arrêter.*

❑ En anglais, le verbe le plus employé pour le discours direct est **say (said, said) :**

› *David **said** « Don't go! »*
› *« Stop! », she **said.***

❑ Selon la manière dont la personne parle, d'autres verbes sont possibles : **whisper** *(chuchoter)* ; **shout** *(crier)* ; **scream** *(hurler)...*

› *« Hurry up! », she **shouted.***
› *« Dépêche-toi ! » cria-t-elle.*
› *« Don't move! », **he whispered.***
› *« Ne bougez pas ! » chuchota-t-il.*
› *« Help! », **he screamed.***
› *« Au secours ! » hurla-t-il.*

Le verbe **tell** n'est jamais employé au discours direct.

❑ Les verbes les plus employés au discours indirect sont **tell** et **say :**

› *David **said** that I mustn't go.* (**Attention !** Jamais *said me !)
› *David **told** me not to go.*
› *David m'a dit de ne pas y aller.*
› *She **said** that I must stop.* (**Attention !** Jamais *said me !)
› *She **told** me to stop.*
› *Elle m'a dit d'arrêter.*

❑ Pour rapporter une question, on emploie le plus souvent le verbe **ask** :

- direct
  - › *« What are you eating? », **asked** Harry.*
  - › *« Que manges-tu ? », demanda Harry.*
- indirect
  - › *Harry **asked** what I was eating.*
  - › *Harry m'a demandé ce que j'étais en train de manger.*

Toutes les parties de l'énoncé doivent être modifiées quand on rapporte ce que quelqu'un dit (*what are you eating?* devient *what I was eating* dans le dernier exemple).

❑ Quand la réponse attendue est *oui* ou *non*, **ask** est suivi de **if** ou **whether** au discours indirect :

- direct
  - › *« Are you hungry? », David **asked** Harry.*
  - › *« As-tu faim ? », demanda David à Harry.*
- indirect
  - › *David **asked** Harry **if** he was hungry.*
  - › *David **asked** Harry **whether** he was hungry.*
  - › *David a demandé à Harry s'il avait faim.*

❑ Quand une question rapportée contient le verbe lexical **be,** il faut faire attention à l'ordre des mots lorsqu'on transforme la phrase :

- direct
  - › *« Where'**s** the bathroom? », asked Jason.*
  - › *« Où est la salle de bain ? », demanda Jason.*

- indirect

 › *Jason asked where the bathroom* ***was.***
 › *Jason a demandé où était la salle de bain.*

(*Jason asked where was the bathroom est incorrect !)

- direct

 › « *Who* ***is*** *that man?* », *asked Tom.*
 › « *Qui est cet homme ?* », *demanda Tom.*

- indirect

 › *Tom asked who the man* ***was.***
 › *Tom a demandé qui était cet homme.*

(*Tom asked who was the man est incorrect !)

- direct

 › « *Where* ***is*** *the dog?* », *asked Jason.*
 › « *Où est le chien ?* », *demanda Jason.*

- indirect

 › *Jason asked where the dog* ***was.***
 › *Jason a demandé où était le chien.*

(*Jason asked where was the dog est incorrect !)

❑ D'autres verbes que **say/tell/ask** sont possibles au discours indirect, selon le type de situation :

*admit that... (admettre/avouer que...)*
*point out that... (signaler que...)*
*wonder if... (se demander si...)*
*order somebody to... (donner l'ordre à quelqu'un de...)*
*warn somebody to... (mettre quelqu'un en garde de...)*

## 84. discours direct et indirect : temps et modes

❑ Le temps grammatical est différent lorsqu'on dit quelque chose et lorsqu'on rapporte ce qui a été dit :

- direct
  › « *J'ai faim* », *dit-elle.* (*j'ai* = présent)
- indirect
  › *Elle a dit qu'elle avait faim.* (*elle avait* = imparfait)

❑ En anglais, le présent au discours direct devient le prétérit au discours indirect :

› « *I'**m** hungry* », *she said.*
➛ *She said that she **was** hungry.*

❑ Le prétérit au discours direct devient le past perfect au discours indirect :

› « *We **lost** the match* », *he said.*
➛ *He said that they **had lost** the match.*

❑ Le present perfect au discours direct devient le past perfect au discours indirect :

› « *I'**ve lost** my bracelet* », *she said.*
➛ *She said that she **had lost** her bracelet.*

❑ Le futur avec **will** devient **would** :

› « *Nobody **will** understand if you speak too fast, Kenny* », *he said.*
➛ *He told Kenny that nobody **would** understand him if he spoke too fast.*

❑ L'impératif devient **tell... to** + verbe

› « ***Give*** *me the microphone, David! », she said.*

➛ *She* ***told*** *David* ***to*** *give her the microphone.*

## 85. discours direct et indirect : repères temporels

❑ Un repère temporel, c'est une expression qui permet de nous situer dans le temps. Les mots et expressions suivants sont des repères temporels : *maintenant, demain, il y a deux jours, la semaine prochaine...*

❑ Le repère temporel est différent pour celui qui parle et pour celui qui rapporte :

- direct

  › *« La livraison sera faite demain? » demanda-t-il.*

- indirect

  › *Il a demandé si la livraison serait faite le lendemain.*

❑ En anglais, les repères temporels sont transposés de la façon suivante :

› *« I'm leaving* ***tomorrow/next week/next month/next year.*** *»*

➛ *He said he was leaving* ***the following day/week/month/year.***

› *« I saw the film* ***last Sunday/week/month/year.*** *»*

➛ *She said she had seen the film* ***the Sunday/week/month/year before.***

➛ *She said she had seen the film* ***the previous Sunday/week/month/year.***

› « *We met **two years ago.*** »
➛ *He said they had met **two years before.***

❑ Quand **now** signifie « tout de suite », il se transforme en **straight away** ou **immediately** au discours indirect :

› « *I'm going to phone David **now** », she said.*
➛ *She said she was going to phone David **straight away.***
➛ *She said she was going to phone David **immediately.***

❑ Quand **now** a le sens de « en ce moment » ou « désormais », il n'est généralement pas repris au discours indirect :

› « *Sarah is **now** at school.* »
➛ *She said that Sarah was at school.*

› « *I'm happy **now** », she said.*
➛ *She said she was happy.*

## 86. discours direct et indirect : modaux

❑ Les modaux **can, may** et **will** sont transposés de la façon suivante au discours indirect :

• **can** devient **could**

› « ***Can** I leave the room? », said Alan.*
› « *Je peux sortir ? », demanda Alan.*
› *Alan asked if he **could** leave the room.*
› *Alan a demandé s'il pouvait sortir.*

• **may** peut devenir **might** mais peut aussi ne pas se transformer

› « *It **may** be too late », said Anne.*
› « *Il est peut-être trop tard », dit Anne.*

› *Anne said it **might** be too late.*

› *Anne said it **may** be too late.*

› *Anne a dit qu'il était peut-être trop tard.*

- **will** devient **would**

› *« **I'll** help you », said Daniel.*

› *« Je vous aiderai », dit Daniel.*

› *Daniel said he **would** help us.*

› *Daniel a dit qu'il nous aiderait.*

- Les autres modaux **(could, might, must, should)** ne subissent aucune transformation au discours indirect :

› *« They **might** be late », said Carol.*

› *« Ils auront peut-être du retard », dit Carol.*

› *Carol said they **might** be late.*

› *Carol a dit qu'ils auraient peut-être du retard.*

## 87. discours direct et indirect : autres exemples

❑ Le discours indirect nous oblige parfois à transformer complètement la phrase d'origine. Voici deux exemples en français :

- direct

› *« Et si on partait demain ? » dit-elle.*

- indirect

› *Elle leur a proposé de partir le lendemain.*

- direct

› *« Qu'est-ce que tu peux être pessimiste ! », dit-il.*

- indirect

› *Il m'a dit que j'étais pessimiste.*

› *Il m'a reproché d'être pessimiste.*

❑ En anglais, le même type de gymnastique est parfois nécessaire quand il s'agit de rapporter ce qu'a dit quelqu'un :

› *« Shall we go to the cinema tomorrow? », said Alan.*
➛ *Alan **suggested** going to the cinema **the following day**.*

› *« Hey, kids, don't sit on the floor! », said Anne.*
➛ *Anne **told** the children **not to** sit on the floor.*

› *« No, I won't help you with your homework! », said George.*
➛ *George **refused** to help **us** with **our** homework.*



# annexes

## les règles d'orthographe

**1.** Quand un mot se termine par voyelle + consonne + **e,** l'ajout de la terminaison **-er, -est, -ed, -ing** oblige à supprimer le **e** :

❑ **adjectifs**

**nice + -er → nicer**

› *This photo of you is much nicer.*
› *Cette photo de toi est beaucoup plus jolie.*

**pale + -est → palest**

› *Choose the palest colour.*
› *Choisis la couleur la plus pâle.*

❑ **verbes**

**hope + -ing → hoping**

(pas *hopping, ni *hopeing !)

› *I was hoping to see a few rabbits hopping around!*
› *J'espérais voir quelques lapins en train de sautiller !*

**stare + -ed → stared**

(pas *starred !)

› *I stared at him: he'd starred in my favourite film!*
› *Je l'ai fixé du regard : il avait joué le rôle principal dans mon film préféré !*

Le verbe **age** *(= vieillir)* peut garder son **e** quand on ajoute la terminaison **-ing** : on peut écrire soit aging, soit ageing.

**2.** Quand un mot se termine par consonne + **y**, l'ajout de la terminaison **-s**, **-er**, **-est**, **-ed** oblige à transformer le **y** en **ie** :

❑ **adjectifs**

**sunny + -er ➛ sunnier**

› *This room is sunnier.*

› *Cette pièce est plus ensoleillée.*

**pretty + -est ➛ prettiest**

› *Choose the prettiest colour.*

› *Choisis la plus jolie couleur.*

❑ **verbes**

**copy + -ed ➛ copied**

› *He copied me!*

› *Il m'a copié !*

**bury + -s ➛ buries**

› *Watch where the dog buries his bone.*

› *Regarde où le chien enterre son os.*

❑ **noms (formation du pluriel)**

**lady + -s ➛ ladies**

› *Ask those two ladies for directions.*

› *Demande ton chemin à ces deux dames.*

**berry + -s ➛ berries**

› *Are these berries poisonous?*

› *Ces baies sont-elles toxiques ?*

Pour les verbes **die**, **lie** et **tie**, l'ajout de la terminaison **-ing** oblige à transformer le **ie** en **y** :

› *You're lying! He's not dying!*
› *Tu mens ! Il ne meurt pas !*

› *I'm incapable of tying knots.*
› *Je suis incapable de faire des nœuds.*

**3.** Quand un mot d'une syllabe se termine par une seule voyelle + une seule consonne, l'ajout de la terminaison **(-er, -est, -ed, -ing)** oblige à redoubler la consonne :

- adjectifs

**big** + **-er** ➝ **bigger**
**thin** + **est** ➝ **thinnest**

- verbes

**put** + **-ing** ➝ **putting**
**jog** + **-ed** ➝ **jogged**

Pas de redoublement quand il y a plus d'une voyelle ou plus d'une consonne :

- adjectifs

**mean** + **-er** ➝ **meaner** (plus d'une voyelle)
**fast** + **-est** ➝ **fastest** (plus d'une consonne)

- verbes

**seat** + **-ed** ➝ **seated** (plus d'une voyelle)
**hunt** + **-ing** ➝ **hunting** (plus d'une consonne)

❑ Quand le mot a plus d'une syllabe, la dernière consonne se redouble lorsque l'accent tonique tombe sur la dernière syllabe :

**for'get** + **-ing** ➝ **forgetting**
**pre'fer** + **-ed** ➝ **preferred**

Pas de redoublement quand l'accent tonique tombe sur la première syllabe...

**'happen** + **-ing** ➤ **happening**
**'wonder** + **-ed** ➤ **wondered**

...sauf les trois verbes suivants :

**'handicap** (handicapped, handicapping)
**'kidnap** (kidnapped, kidnapping)
**'worship** (worshipped, worshipping)

❑ La lettre **l** se redouble toujours en anglais britannique quand elle est précédée d'une seule voyelle :

**appal** + **-ing** ➤ **appalling**
**travel** + **-ed** ➤ **travelled**

## les verbes irréguliers

| verbes | prétérit | participe passé | traduction |
|---|---|---|---|
| be | was, were | been | être |
| beat | beat | beaten | battre |
| become | became | become | devenir |
| begin | began | begun | commencer |
| bend | bent | bent | plier |
| bet | bet | bet | parier |
| bite | bit | bitten | mordre |
| bleed | bled | bled | saigner |
| blow | blew | blown | souffler |
| break | broke | broken | casser |
| bring | brought | brought | apporter |
| build | built | built | construire |
| burn | burned ou burnt | burned ou burnt | brûler |
| burst | burst | burst | éclater |
| buy | bought | bought | acheter |
| catch | caught | caught | attraper |
| choose | chose | chosen | choisir |
| come | came | come | venir |
| cost | cost | cost | coûter |
| creep | crept | crept | ramper |
| cut | cut | cut | couper |
| deal | dealt | dealt | deal with = s'occuper de |

| verbes | prétérit | participe passé | traduction |
|---|---|---|---|
| dig | dug | dug | creuser |
| do | did | done | faire |
| draw | drew | drawn | dessiner |
| dream | dreamed ou dreamt | dreamed ou dreamt | rêver |
| drink | drank | drunk | boire |
| drive | drove | driven | conduire |
| eat | ate | eaten | manger |
| fall | fell | fallen | tomber |
| feed | fed | fed | nourrir |
| feel | felt | felt | sentir |
| fight | fought | fought | se battre |
| find | found | found | trouver |
| fly | flew | flown | voler |
| forbid | forbad ou forbade | forbidden | interdire |
| forget | forgot | forgotten | oublier |
| freeze | froze | frozen | geler |
| get | got | got | plusieurs sens dont obtenir |
| give | gave | given | donner |
| go | went | gone | aller |
| grind | ground | ground | moudre |
| grow | grew | grown | grandir |
| hang | hung | hung | accrocher |
| have | had | had | avoir |

| verbes | prétérit | participe passé | traduction |
|---|---|---|---|
| hear | heard | heard | entendre |
| hide | hid | hidden | cacher |
| hit | hit | hit | frapper |
| hold | held | held | plusieurs sens dont tenir |
| hurt | hurt | hurt | se blesser |
| keep | kept | kept | garder |
| kneel | knelt | knelt | s'agenouiller |
| know | knew | known | savoir |
| lay | laid | laid | poser |
| lead | led | led | mener |
| lean | leaned ou leant | leaned ou leant | se pencher |
| leap | leaped ou leapt | leaped ou leapt | sauter |
| learn | learned ou learnt | learned ou learnt | apprendre |
| leave | left | left | quitter, partir |
| lend | lent | lent | prêter |
| let | let | let | laisser |
| lie | lay | lain | s'allonger |
| light | lit | lit | allumer |
| lose | lost | lost | perdre |
| make | made | made | faire |
| mean | meant | meant | signifier |
| meet | met | met | rencontrer |

| verbes | prétérit | participe passé | traduction |
|---|---|---|---|
| pay | paid | paid | payer |
| put | put | put | mettre |
| quit | quit | quit | s'en aller, partir |
| read | read | read | lire |
| ride | rode | ridden | monter à cheval, à vélo... |
| ring | rang | rung | téléphoner, sonner |
| rise | rose | risen | augmenter |
| run | ran | run | courir |
| say | said | said | dire |
| see | saw | seen | voir |
| seek | sought | sought | chercher |
| sell | sold | sold | vendre |
| send | sent | sent | envoyer |
| set | set | set | plusieurs sens dont se figer |
| shake | shook | shaken | secouer |
| shine | shone | shone | briller |
| shoot | shot | shot | plusieurs sens dont tirer (avec une arme) |
| show | showed | shown | montrer |
| shrink | shrank | shrunk | rétrécir |
| shut | shut | shut | fermer |
| sing | sang | sung | chanter |

| verbes | prétérit | participe passé | traduction |
|---|---|---|---|
| **sink** | sank | sunk | couler |
| **sit** | sat | sat | s'asseoir |
| **sleep** | slept | slept | dormir |
| **slide** | slid | slid | glisser |
| **smell** | smelled ou smelt | smelled ou smelt | sentir |
| **speak** | spoke | spoken | parler |
| **speed** | sped | speeded ou sped | accélérer |
| **spell** | spelled ou spelt | spelled ou spelt | épeler |
| **spend** | spent | spent | passer, dépenser |
| **spill** | spilled ou spilt | spilled ou spilt | renverser |
| **spit** | spat | spat | cracher |
| **spoil** | spoiled ou spoilt | spoiled ou spoilt | gâcher |
| **spread** | spread | spread | répandre |
| **spring** | sprang | sprung | plusieurs sens dont jaillir |
| **stand** | stood | stood | se tenir debout |
| **steal** | stole | stolen | voler |
| **stick** | stuck | stuck | coller |
| **sting** | stung | stung | piquer |
| **stink** | stank ou stunk | stunk | puer |
| **strike** | struck | struck | frapper |

| verbes | prétérit | participe passé | traduction |
| --- | --- | --- | --- |
| swear | swore | sworn | jurer |
| sweep | swept | swept | balayer |
| swell | swelled | swollen ou swelled | enfler |
| swim | swam | swum | nager |
| swing | swung | swung | se balancer |
| take | took | taken | prendre |
| teach | taught | taught | enseigner |
| tear | tore | torn | déchirer |
| tell | told | told | dire |
| think | thought | thought | penser |
| throw | threw | thrown | jeter |
| wake | woke | waken | réveiller |
| wear | wore | worn | porter |
| weep | wept | wept | pleurer |
| win | won | won | gagner |
| wind | wound | wound | plusieurs sens dont enrouler |
| write | wrote | written | écrire |

## index de *les mots et les phrases*


# A

**a, an** > 1
**able to** > 3
**ago** > 5
**all** > 6
**all over** > 7
**allowed** > 7
**a lot** > 8
**already** > 9
**also** > 9
**although** > 11
**always** > 12
**any** > 12
**anybody / anyone** > 14
**anything** > 15
**anywhere** > 17
**as** > 17
**as... as** > 18
**as if, as though** > 19
**at, in, on** ou **to ?** > 20
**at** > 22
**at** (at night, at Easter, at the weekend) > 22

# B

**before** > 24
**before** + -ing > 25
**both** > 25
**but** > 27
**by** > 27

# C

**can** > 30
**could** > 31

# D

**'d** > 34
**did** (auxiliaire) > 34
**do** (auxiliaire) > 34
**do** et **make** > 34
**don't** en début de phrase > 36
**during** > 36

# E

**each** > 38
**each other** > 38
**-ed** ou **-ing** > 39
**either** > 39
**else** > 41
**enough** > 43
**enter** ou **go / come in?** > 44
**-er** > 45
**-est** > 45
**even** > 46
**ever** > 46
**every** > 47
**everybody, everyone** > 49
**everything** > 49
**everywhere** > 49

# F

**far** > 50

far + comparatif / too > 51
feel + adjectif > 51
feel like > 51
few, a few > 52
for > 53
for + période de temps > 54
from > 55

G
get, got, have got > 57
get to > 57
go, went, gone > 58
go + -ing > 58
go in, go into, go to > 60
be going to + verbe > 61
gone (have/has gone) > 61
got > 62

H
had better > 63
have auxiliaire > 63
have verbe lexical > 63
have got > 64
have go to + verbe > 65
have to, has to, had to > 65
he > 66
her > 67
here, here's, here are > 67
hers > 68
herself > 68
him > 69
himself > 69
his > 70
how? > 70
how + adjectif > 71
how about...? > 73
how do you do? > 73
how long? > 74
how many, how much? > 75

I
I et me > 76
I'd like > 76
if + présent > 77
if + prétérit > 78
if + past perfect > 78
in et to > 79
in + mois/année > 80
-ing (activités) > 81
-ing (be + -ing) > 81
into > 81
is, it, it's, its > 82
it (impersonnel) > 83
itself > 84

J
just > 85

L
least > 86
less > 86
let > 86
let's > 87
like (préposition) > 87
a lot, lots of > 89

## M


many > 90
many of... > 90
may > 91
me > 92
might > 92
mine (pronom) > 93
more > 94
the most et most of > 96
much > 97
must > 98
must have + participe passé > 100
my > 100
myself > 100


## N


needn't > 102
neither > 102
neither + mot-outil + sujet > 103
never > 103
no + nom > 104
nobody, no one > 104
none (of) > 105
not > 105
not all... > 106
not... any > 106
not... any more, not... any longer > 107
nothing, not... anything > 107
nowhere > 108


## O


of (possession) > 109
off > 110
often > 110
on et onto > 111
on + jour > 112
once > 113
one, ones > 113
only > 114
ought to > 115
our > 115
ours > 116
ourselves > 116
out > 117
over > 118
own (my own, your own) > 118


## P


permit, allow, enable et make possible > 120
piece of > 121


## R


rather (would rather) > 122
rather, quite et fairly > 122


## S


-s (terminaison du nom) > 123
-s (terminaison du verbe) > 123
's (génitif) > 124
's (contraction) > 124
same (the same...) > 125
see, et can/could see > 126

**shall** ou **will?** > 127
**she** > 128
**should** > 128
**should have** > 130
**since** + present perfect > 130
**so** > 132
**so** (that) > 134
**some** (comparé à any) > 134
**someody/someone, something** > 136
**sometimes** > 137
**such, such a** > 138

## T

**than, as, that** > 139
**that** (démonstratif) > 139
**that** (pronom relatif) > 139
**the** > 140
**their** > 141
**theirs** > 141
**them** > 142
**themselves** > 142
**then** > 143
**there** (pour désigner) > 143
**there's, there are, there will be...** > 144
**these** > 145
**they** > 145
**they're** > 145
**this, that, these, those** (sans nom) > 145
**this, that, these, those** + nom > 146
**those** > 147
**though** > 147
**time, hour, o'clock** (temps, heure) > 148
**to** (déplacement) > 149
**to** (infinitif) > 149

## U

**us** > 150
**used to** (be used to, get used to) > 150
**used to** (I used to, he used to) > 150

## W

**we** > 152
**what** (emplois non interrogatifs) > 152
**what?** (dans des questions) > 153
**what?** sujet ou complément > 154
**what** + préposition (what in, what with, etc.) > 154
**what about...?** > 155
**what... about, what... for** > 155
**when** > 156
**where** > 156
**whether** > 157
**which** (relatif) > 157
**which?** (questions) > 158
**who** (relatif) > 159
**who?** (questions) > 159

**who?** sujet ou complément > 160
**whole** et **all** > 161
**whom** > 162
**whose** (possessif) **et who's?** > 162
**whose** (relatif) > 162
**will, won't** (futur) > 162
**will, won't** > 163
**will you...?** > 164
**with** (après what, which, who) > 165
**won't** > 165
**work** > 165
**worse, worst** > 166
**would, wouldn't** (conditionnel) > 166
**would like to/love to/prefer to** > 167
**wouldn't** (refus) > 167
**would rather** > 167
**would you...?** > 168

## Y

**you** > 169
**your** > 169
**yours** > 169
**yourself** > 170
**yourselves** > 170

## liste des fiches de grammaire

### verbes, auxiliaires et modaux

1. **les verbes réguliers et irréguliers** > 175
2. **« s » à la fin du verbe** > 176
3. **comment traduire « verbe + infinitif » en anglais** > 177
4. **have, do et be :** trois mots à double personnalité > 180
5. **be conjugué :** am/is/are/was/were > 182
6. **do/does** (auxiliaires) - pour « insister » > 183
7. **do et have** (verbes lexicaux) : questions et forme négative > 185
8. **have got/has got** > 187
9. **have got/has got :** formes négative et interrogative > 188
10. **les modaux** > 190
11. **une famille de mots-outils :** be/have/do et les modaux > 192
12. **verbes à particule** (« phrasal verbs ») (1) > 195
13. **verbes à particule** (2) > 197
14. **verbes prépositionnels** > 199
15. **verbes à double complément** > 200

### la forme interrogative

16. **les questions :** comment poser une question en anglais > 202
17. **les questions :** rôle de **do** > 203
18. **les questions :** « mots interrogatifs » > 206
19. **les questions :** remarque importante > 207

### la forme négative

20. **la négation :** comment dire « ne... pas... » en anglais > 208
21. **la négation :** rôle de **do** > 209
22. **la forme interro-négative** > 211

**la forme en -ing**

23. **la forme en -ing** (sens général) > 212
24. **la forme en -ing** (verbe + verbe en -ing) > 214

**le présent simple**

25. **le présent simple :** introduction > 216
26. **le présent simple :** négatif avec **don't/doesn't** > 217
27. **le présent simple :** poser des questions > 219

**le présent en be + -ing**

28. **le présent en be + -ing :** introduction > 221
29. **le présent en be + -ing** (actions en cours) > 222
30. **le présent en be + -ing** (activités de longue durée) > 224
31. **le présent en be + -ing :** restrictions d'emploi > 224
32. **comment décrire une scène en anglais :** rôle de **be** > 227

**le present perfect**

33. **le present perfect :** le présent lié au passé > 228
34. **le present perfect :** parler de son expérience de la vie > 229
35. **le present perfect :** « c'est comme ça depuis un moment » > 230
36. **le present perfect :** « jusqu'à présent » > 232
37. **le present perfect :** trucs et astuces > 233
38. **le present perfect en be + -ing** > 234

**le prétérit**

39. **le prétérit simple** > 236
40. **le prétérit simple de be** > 238
41. **le prétérit en be + -ing** > 240

**le passé composé**

42. **comment traduire le passé composé en anglais** > 241

**l'imparfait**

43. **comment traduire l'imparfait en anglais** > 242

**— le past perfect**
44. **le past perfect simple** > 243
45. **le past perfect en be + -ing** > 245

**— le conditionnel**
46. **comment traduire le conditionnel en anglais** > 247

**— le passif**
47. **le passif** (notions de base) > 248
48. **le passif** (be + being + participe passé) > 249
49. **le passif :** temps et modes > 250

**— le futur**
50. **parler de l'avenir :** emploi de **will** > 252
51. **parler de l'avenir :** be going to + BV > 254
52. **l'avenir :** présent simple et be + -ing > 255
53. **prédiction, décision, programme** > 255
54. **be to + BV** et **be (just) about to + BV** > 257

**— l'impératif**
55. **l'impératif** > 258

**— les tags**
56. **les « tags » et les réponses courtes** (1) > 260
57. **les « tags » et les réponses courtes** (2) > 262
58. **les « tags » et les réponses courtes** (3) > 264

**— les noms**
59. **les noms :** singulier et pluriel > 264
60. **les noms :** dénombrables et indénombrables > 266

**— les articles**
61. **les articles :** l'article zéro > 268
62. **les articles :** exemples importants de l'article zéro > 269
63. **a/an, some, article zéro** > 271

**— le complément du nom**
64. **la relation « X de Y »** > 273
65. **la relation « X de Y »** (autres solutions) > 275

## liste des fiches de grammaire

### adjectifs


66. adjectifs épithètes > 277
67. adjectifs attributs > 278
68. adjectifs et prépositions > 279
69. adjectifs substantivés > 280
70. adjectifs et substantifs de nationalité > 282
71. adjectifs et comparatifs > 286
72. adjectifs et superlatifs > 287


### pronoms


73. pronoms sujets et compléments > 290
74. déterminants et pronoms possessifs > 291
75. pronoms réfléchis > 293
76. masculin et féminin, mâle et femelle : he, she, it > 295
77. masculin et féminin, mâle et femelle : his, her, its > 297
78. masculin et féminin : it's his, it's hers... > 298


### relatives


79. relatives : comment traduire « qui » et « que » > 299
80. relatives : détermination et apposition > 301
81. relatives : comment traduire « dont » > 302


### adverbes


82. adverbes : place dans la phrase > 305


### discours direct et indirect


83. discours direct et indirect : généralités > 307
84. discours direct et indirect : temps et modes > 311
85. discours direct et indirect : repères temporels > 312
86. discours direct et indirect : modaux > 313
87. discours direct et indirect : autres exemples > 314

# table des matières

les mots et les phrases 1

la grammaire par l'exemple 173

annexes 317

- les règles d'orthographe 319
- les verbes irréguliers 323
- index de *les mots et les phrases* 329
- liste des fiches de grammaire 335

Achevé d'imprimer en Italie
par Grafica Veneta S.p.A. en Décembre 2019
N° d'éditeur : 10257922 - Dépôt légal : Décembre 2019